U0296414

飞行员情境意识理论与实验

完颜笑如　刘　双　庄达民　著

科学出版社

北京

内 容 简 介

本书系统地阐述了飞行员情境意识研究的基础理论与最新进展。主要内容包括飞行员情境意识的基本内涵与关键影响因素,定性化与定量化认知建模方法,主观/绩效/生理实验测量方法,以及面向人机界面设计与人员沟通训练的典型工程应用案例。其中,本书第 1 章解读了飞行员情境意识的研究背景、基本内涵与影响因素,并结合对数十名飞行员的实际调研与数据统计工作,提取了飞行员情境意识的关键性影响因素,分析了这些影响因素之间的关联关系;第 2~4 章综述分析了国内外具有代表性的飞行员情境意识定性化与定量化的认知建模方法与实验测量方法,并结合第一著作人的科研成果,详细论述了飞行员情境意识建模研究与实验研究案例;第 5 章结合作者的科研成果以及国外新近研究成果,选取典型研究案例详细说明了情境意识在其中的应用过程与应用方法,有效地支撑并验证了前述理论,具有较好的面向实际工程应用的价值。

本书可为飞机人机界面工效学评价、飞机人机界面优化设计、飞行员选拔与训练等重要工程应用领域的科研人员提供理论依据与技术方法参考。

图书在版编目(CIP)数据

飞行员情境意识理论与实验 / 完颜笑如,刘双,庄达民著. —北京:科学出版社,2024.5
ISBN 978-7-03-077273-2

Ⅰ.①飞… Ⅱ.①完… ②刘… ③庄… Ⅲ.①飞行员训练-研究 Ⅳ.①V323

中国国家版本馆 CIP 数据核字(2023)第 239509 号

责任编辑:孙伯元 / 责任校对:邹慧卿
责任印制:赵 博 / 封面设计:无极书装

科学出版社 出版

北京东黄城根北街 16 号
邮政编码:100717
http://www.sciencep.com

三河市春园印刷有限公司印刷
科学出版社发行 各地新华书店经销

*

2024 年 5 月第 一 版 开本:720×1000 1/16
2025 年 1 月第二次印刷 印张:12 1/4
字数:247 000

定价:128.00 元
(如有印装质量问题,我社负责调换)

前　言

飞机驾驶舱是一个典型的人在回路复杂人机交互系统。随着飞机驾驶舱朝向信息化、智能化、集成化的方向发展,飞行显控系统所承载的信息量也变得更加多元化与复杂化,繁多类型的信息在为飞行员精确全面提供驾驶舱状况和外部环境数据的同时,也引发了新的问题。某些关键性信息可能被淹没在海量的信息显示中,而难以被飞行员及时感知与提取,从而导致注意狭窄、关键信息遗漏、无效信息冗余检索等情形,进而产生人为失误甚至带来灾难性后果。

当前,随着飞行任务所需飞行员付出的认知性努力的不断增加,不论是在常规作业还是特情状况下,飞行员都需要不断地进行信息的感知选择、综合判断和决策处理这一动态的循环过程,而保持情境意识即是这个循环过程中支持飞行安全的重要能力。一般认为,情境意识包含三个层次,第一层次为感知层,即对环境中各信息成分的状况、属性及动态特性进行感知从而实现情境觉知,研究数据表明,约76%的航空情境意识差错属于第一层;第二层次为理解层,即基于对第一层次中杂乱无章信息的综合解释而产生的对当前情境的理解,约有19%的航空情境意识差错属于第二层;第三层次为预测层,即对随后情境的预测和规划,约有5%的航空情境意识差错与第三层次相关。三层次情境意识模型的意义重大,不仅在于其指向了不同的认知操作,同时也在于其提示了对于不同层次情境意识出现的问题,需要通过差异性的系统设计或培训模式来应对解决。

情境意识水平反映了飞行员在特定任务时段、特定任务情境下对影响飞机和机组的各种因素与条件的认知状况。大量研究结果表明,飞行员的情境意识水平越高,就越能够实施迅速有效的操纵,从而更有助于保障飞行安全、提升任务效能。近几十年来,在航空工效及国防工业等研究领域,情境意识这一概念已获得研究者的高度重视,一系列有关情境意识的理论模型、测评方法与应用技术被陆续提出、测试并验证。本书围绕飞行员情境意识这一研究难点与热点,从个体、团队、系统三个层面,阐述了飞行员情境意识研究的基础理论、实验方法与前沿进展。本书可为飞机驾驶舱人机界面工效设计与评价、飞行机组选拔与训练、飞机驾驶舱资源优化管理等重要工程应用领域提供理论与技术参考。

本书一共分为 5 章，各章主要内容简介如下：

第 1 章系统性地梳理了飞行员情境意识的研究背景、基本内涵与影响因素，并结合对大量飞行员的实际调研与数据统计分析工作，提取了飞行员情境意识的关键性影响因素，构建了飞行员情境意识影响因素指标体系。本章内容由陈浩博士、陈星江硕士负责整理与撰写。

第 2 章分析了国内外具有代表性的飞行员个体情境意识定性化与定量化认知模型，并结合刘双博士、冯传宴博士等相关建模研究成果，详细论述了基于注意资源分配的情境意识模型、基于认知过程分析的情境意识模型以及飞行员情境意识动态循环模型。本章内容由冯传宴博士负责整理与撰写。

第 3 章介绍了国内外具有代表性的飞行员个体情境意识实验测量方法，包括主观测评技术、记忆探查测评技术、作业绩效测评技术与生理测评技术，并结合国外文献研究案例解析，以及冯传宴博士等相关实验研究成果，详细分析了现有研究在情境意识实验测量技术方面的前沿探索。本章内容由王一行硕士、钱春颖硕士负责整理、翻译与撰写。

第 4 章针对团队情境意识与系统情境意识，阐述了国内外典型的理论建模方法与实验测量方法，并结合国外文献研究案例解析，以及闵雨晨硕士、陈浩博士等相关团队情境意识实验研究成果，详细解析了现有研究在团队情境意识与系统情境意识研究方面所开展的最新探索。本章内容由闵雨晨硕士、党予卿硕士负责整理、翻译与撰写。

第 5 章面向情境意识的应用实践，选取冯传宴博士、魏蔺阳博士、梁超然硕士、陈浩博士等相关理论与实验研究成果作为典型研究案例，详细说明了情境意识在飞机驾驶舱显控界面工效评价与优化设计方面的应用过程与应用方法。本章内容由王子仪硕士、周孙夏硕士负责文字整理。

马一兰硕士负责全书的统稿校对与图文整理工作。

本书所涉及研究内容由庄达民教授、完颜笑如副教授、刘双高级工程师进行总体规划与理论指导。

除上述参与具体撰写工作的 C1003 课题组的学生（冯传宴博士、陈浩博士、闵雨晨硕士、党予卿硕士、钱春颖硕士、王一行硕士、王子仪硕士、梁超然硕士、周孙夏硕士）外，本书形成过程中，北京航空航天大学航空科学与工程学院人机与环境工程系、人机工效与环境控制国防重点学科实验室多位师生均对本书所涉及研究内容提供了宝贵的建议和支持，他们的研究经验和智慧，也融入本书，在此一并深表感谢。

本书研究成果的获得前后历经十年，并得益于国家自然科学基金"负荷条件下注意-情境意识模型及其在界面评价中的应用研究(U1733118)""脑力负荷对飞行员信息自动化加工影响及其工效学应用研究(71301005)""飞行员分配性注意机理与工效学应用研究(61179053)"以及国防科技计划的资助,同时也得到了国内航空、航天、船舶、车辆等领域的科研院所给予的大力支持,在此特别致谢。

　　为便于阅读,本书提供部分彩图的电子版文件,读者可自行扫描前言的二维码查阅。

　　谨以此书献给我们敬爱的庄达民老师和热爱的 C1003 教研室!

完颜笑如　刘　双

部分彩图二维码

目　　录

第1章　飞行员情境意识基础理论

1.1　情境意识的研究背景

全球民航安全事故记录年度报告表明,随着全球飞行环境复杂程度的日益增加,航班飞行对飞行员的认知能力提出了更高的要求,航空领域中人为因素(human factor)已成为影响民航安全水平的关键因素。例如,在异常飞行情境下(如航路变更、发动机失效、恶劣气象等非预期事件),任务复杂度的骤增会严重抑制飞行员的认知能力;现代驾驶舱显示界面采用了复杂信息集成显示设计方案,不同显示设计方案下飞行员的注意分配模式和注意效率往往存在差异,这些差异会引起飞行员情境意识和工作负荷的不同,进而影响飞行员认知与决策能力对异常飞行情境的适应性;机组沟通在驾驶舱资源管理中起到共享信息与知识,协调机组成员的作用,机组沟通的效率和效益可对飞行机组决策的有效性、及时性,以及飞行操控的合理性、安全性产生重要影响。相关研究表明,在常规飞行情境和异常飞行情境中,飞行员能否及时有效地作出正确决策并实施恰当的操作,很大程度上取决于飞行员的情境意识(situation awareness,SA)[1]。

航空事故分析研究指出,飞行员情境意识的削弱或丧失很可能会给飞行带来严重的安全风险。据统计,70.8%的航空事故是人为失误造成的,而88.2%的人为失误事件与飞行员情境意识的削弱或丧失有关[2]。例如,在2009年"6·1"法航客机坠毁事件、2018年"10·29"印尼航班坠毁事故,以及2019年"3·10"埃塞俄比亚航班坠毁事故中,飞行员对传感器(或自动飞行系统)错误信息的不当理解和处置,以及飞行机组成员之间有效沟通的缺乏,是飞行员对异常飞行情境缺乏良好情境意识、错失安全时间窗口的重要原因[3]。在异常飞行情境中,飞行员需要快速且适当地应对非预期的突发或紧急事件,这类场景对飞行员情境意识的要求会更高,飞行员的认知资源可能无法为良好的绩效提供足够支持,这也解释了飞行员情境意识不足会导致人为失误风险增加的原因。因此,研究飞行员情境意识及其影响因素,探究飞行员情境意识的改善策略,对于有效减少飞行员人为失误、提高飞行安全水平具有重要意义。

依据 Endsley 三层次模型的描述[4],飞行员情境意识是一个反映飞行员与飞行任务情境动态交互的过程性和结果性概念,包括感知(第一层次情境意识)、理解(第二层次情境意识)和预测(第三层次情境意识)三个递进发展的层次。飞机驾驶舱系统是一个典型且复杂的人在回路系统,随着信息化、智能化技术的发展,驾驶舱显示与控制系统所承载的信息流日益多样化、复杂化。无论是常规飞行情境还是特殊飞行情境,飞行员(或飞行机组)都必须经历动态的、反复的信息感知、综合判断与决策过程。在这一过程中,飞行员情境意识时刻受到多种因素的挑战。例如,任务复杂度增加、飞行员疲劳、飞行员对自动化系统的过度依赖等因素都可能导致飞行员情境意识丧失,进而引发一架完全没有机械故障的飞机发生致命的飞行事故。飞行员情境意识反映了飞行员在特定飞行任务情境中对影响飞机和机组成员的各种因素和条件的认知水平,飞行员情境意识越高,越有利于保障飞行安全。

综上所述,飞行员情境意识在飞行安全中发挥着至关重要的作用。随着航空运输环境日趋复杂,飞行员情境意识正在受到多种因素的综合影响,这使得提出可行的飞行员情境意识改善策略面临着复杂的挑战。因此,采用系统分析方法,确定飞行员情境意识影响因素指标体系并在其中提取出关键性影响因素,进而采用实验测量和模型评估等方法,探究关键影响因素对情境意识的潜在影响机理,揭示飞行员情境意识改善的优先策略,为确定可行的飞行安全保障措施提供理论依据和数据支持具有重要意义。

1.2 情境意识的基本概念

1.2.1 情境意识文献计量概述

在 Google Ngram 中搜索 1970～2022 年期间情境意识英文术语"situation awareness",可发现该术语的词频统计结果如图 1.1 所示。结果显示,情境意识研

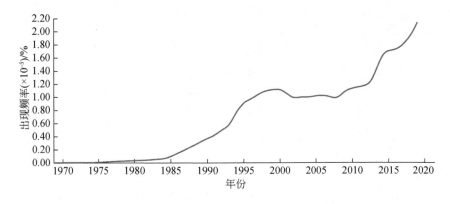

图 1.1 过去 50 年英文术语"situation awareness"在 Google Ngram 中的词频统计

究发轫于 1985 年前后,在 20 世纪 90 年代迎来第一个快速发展时期,进入 21 世纪第二个十年再次进入快速发展时期。这表明,情境意识已经成为一个新兴研究热点,其在学术和工程应用领域中的重要作用正在得到越来越多的关注。

基于 Web of Science 核心合集数据库和 MEDLINE 数据库,搜索 2017～2022 年标题含"situation awareness"的已发表文献,文献计量结果如图 1.2 所示。情境意识所涉及的研究领域主要包括计算机科学、工程、心理学、行为科学、自动控制系统、数学、交通、机器人、通信、健康医护等方向。

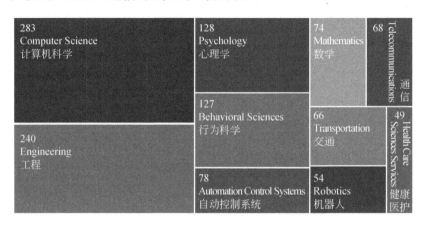

图 1.2　2017～2022 年情境意识文献涉及的研究领域

1.2.2　个体情境意识

早期情境意识研究主要关注个体作业人员(individual operator)在任务中是如何构建自身情境意识的,这些早期研究多以认知心理学为基础,致力于解释人的信息加工过程,如图 1.3 所示[5]。这些研究多聚焦于心智模型(mental model)、图式(schema)、感知(perception)、理解(comprehension)以及知识(knowledge),以试图阐述人的意识的本质。

其中,影响力较大的个体情境意识理论,包括 Endsley 提出的情境意识三层次模型理论[4]以及 Smith、Hancock 等提出的感知循环模型理论[6]。情境意识三层次模型指出情境意识的构建包括对情境元素(situation element)的感知、理解和预测这三个递进层次,如图 1.4 所示,该理论应用最为广泛,而且随着个体情境意识理论逐渐被纳入更加复杂的系统级场景中,情境意识三层次模型理论与新兴技术理论的结合越来越多,为解释系统认知与交互提供理论支持。感知循环模型理论强调情境意识是一种适应性的、外部情境导向的意识,人从动态任务情境中获取信息与知识,进而指导人的行动并作用于任务情境。

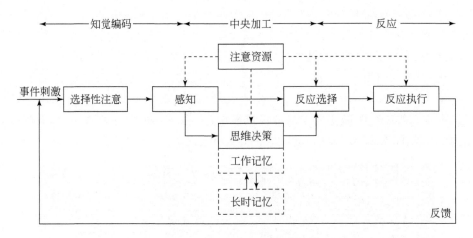

图 1.3　人的信息加工理论模型[5]

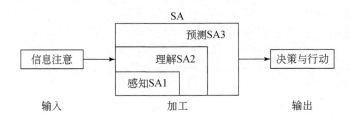

图 1.4　Endsley 情境意识三层次模型理论

1.2.3　团队情境意识和系统情境意识

Salas[7]对团队进行了如下定义:两人或多人团队成员,围绕共同的、有价值的目标,彼此间开展动态的、协同的、互相适应的互动,每个团队成员各自扮演特定角色、发挥特定作用,且各成员的角色作用并非一成不变的。关于团队情境意识的文献表明,工作卓有成效的团队都进行了大量的相互行为监视和感知,即相互了解彼此的工作情境与环境。典型的团队情境意识理论包括 Salas 等提出的团队情境意识模型(team SA model)理论,以及 Shu 等[8]提出的相互意识模型(mutual awareness model)理论。团队情境意识模型理论认为团队情境意识包括个体情境意识和各种团队过程(team process),团队情境意识的关键组成是包括口头交流在内的多种形式的信息交换,信息交换可以弥补团队中个体成员的认知局限。相互意识模型理论认为团队情境意识除包括个体情境意识外,还包括相互情境意识(即相互理解对方的行动和意图),团队情境意识反映了团队成员对其所处的情境的既共享又独立的理解。

随着系统方法论逐渐成为工效学研究的一种重要的基础科研范式,社会-技术系统(socio-technical system,STS)概念在航空航天、交通、船舶、核能工业、国防军事等高技术领域正在得到越来越多的关注。STS 是指人(社会)的代理(human agent)与技术代理(non-human agent 或 technological agent)相互结合、相互作用从而支持组织活动的复杂实体,其中,人的部门包含但不限于人员个体、团队和组织,技术代理包含但不限于基础技术设施等。在 STS 情境意识研究中,分布式情境意识(distributed situation awareness,DSA)模型理论是一个正在快速发展和应用的系统情境意识理论[9],该理论将情境意识视作系统级协作的产物,产生于系统内各类人和技术代理之间的交互过程中。DSA 模型理论认为,由于社会-技术系统由人的代理和技术代理有机组成,情境意识并不局限于人的代理中,也存在于技术代理中,系统各有关代理形成了各自不同视角的情境意识,而它们又彼此紧密联系、相互作用,共同组成了系统情境意识,进而共同影响系统的运行效率、可靠性和安全性。

1.3　情境意识的影响因素

1.3.1　个体情境意识影响因素

大量实验研究证实,飞行员个体特征(如工作记忆能力、注意资源分配模式、警觉度、疲劳等)、任务特征、显示界面设计等因素均可对情境意识产生明显影响,进而制约飞行员的认识行为绩效和飞行安全。

任务特征对飞行员情境意识具有明显的约束作用。异常飞行情境下高任务复杂度对飞行员情境意识的挑战愈发得到人们重视。飞机系统和飞行环境的不确定性往往是高任务复杂度的重要源头,意外突发事件(如机械故障、发动机突发警情)和恶劣气象条件(如强对流天气、低能见度)等均会导致任务复杂度增加,给异常飞行情境下的飞行机组决策和飞行安全带来严峻挑战。与常规飞行情境不同,异常飞行情境下的作业流程往往会被非预期突发事件中断,飞行员须迅速决定是继续执行当前的作业流程还是执行替代的作业流程。例如,对发动机故障的监测和处置是一个动态连续的作业流程,飞行员需对异常信息进行实时的监视并在必要时修改飞行计划,不当或延迟的响应可能会导致飞行计划中断或安全性降低[10]。异常飞行情境通常需要飞行员具有足够充分的情境意识,来支持其快速评估和决策,而事实上,对于非预期的突发事件(如飞机发动机故障、空中交通阻断、机上医疗急救等),飞行员并不总是能够及时做出恰当的应对,这增加了飞行安全性和可靠性降低的风险[11]。

受目标冲突、时间压力、动态决策、高工作负荷等复杂任务特征的影响,在任务复杂度更高的异常飞行情境下,飞行员的情境意识和操作绩效趋于下降,人为失误趋于增加。因此,探究高任务复杂度条件下飞行员情境意识下降的原因机理,以及维持飞行员良好情境意识的可行途径,正在成为一项研究热点。相关研究指出,随着任务复杂度或时间压力的增加,多任务并行处理会增加对飞行员注意资源分配能力的挑战,形成高负荷下的分心效应,进而导致飞行员情境意识的下降[12]。例如,恶劣气象条件下飞行员依赖于仪表飞行(instrument flight),高信息处理密度使得飞行员承受高时间压力、高工作记忆需求、高注意力资源需求,这导致飞行员在精确操作任务中做出较差决策的可能性增加。Pritchett 等[13]提出,当突发紧急事件发生后,为了应对原飞行计划被迫暂停或终止的情况,飞行员需再次评估当前的新情境,并为当前情境制定合适的行动方案,这一认知重构过程将受益于必要的决策分析工具对情境意识的支持。目前研究中已提出了一些可行的技术手段来改善高任务复杂度条件下的飞行员情境意识,包括提供决策辅助工具(如安全飞行路径规划)、优化驾驶舱人机交互界面设计等。

作为飞行员与外部飞行情境交互的媒介,驾驶舱人机交互系统在飞行员情境意识的形成过程中发挥着重要作用。例如,驾驶舱显示界面提供了组织化的飞行信息,良好的显示界面设计(即以合理的方式呈现合理的信息)有助于维持和提高飞行员的情境意识水平;驾驶舱自动化与智能化设计提供了支持快速响应、降低飞行负荷、辅助决策与控制等重要功能,从而对于提升改善飞行员的情境意识起到积极作用。现有文献就驾驶舱显示界面设计对飞行员情境意识的影响展开了大量研究。相关研究表明,系统安全风险主要来自人机交互障碍,这意味着除了提高飞行员的认知能力,优化显示界面设计也应作为改善系统安全风险的重要途径,特别是在异常飞行情境下,不当的显示界面设计对飞行员情境意识的削弱可能会放大[14]。飞行员在执行飞行操作的过程中,会基于特定的任务目标开展信息搜索,这要求与决策有关的信息须以准确、简洁、清晰的方式进行显示。目前,一系列的显示界面设计方法,包括理论建模和仿真分析,已被应用于增进显示界面对飞行员情境意识的支持[15]。相关研究指出,优化显示界面的设计元素,是改善显示界面设计品质的重要途径。例如,可以通过优化界面布局(如重新布置各仪表或显示器的位置、采用集成化设计等),增强仪表或指示器的突显性(包括改变颜色编码、显示维度、显示动态特性等),采用合成视景显示设计,开发交互式仪表板,以及提供辅助决策功能等,来提高显示界面的设计品质。

1.3.2　团队和系统情境意识影响因素

近年来,随着对飞行员情境意识的研究逐渐由个体转向社会-技术系统,团队因素和环境因素的影响日益获得更多重视。相关实验研究表明,改善机组沟通模式、实施机组成员之间任务动态分配以及构建合理的驾驶舱权威梯度文化,对于机组飞行员的情境意识具有显著的支持作用[16]。分布式情境意识模型(DSA model),从系统层面阐述了航空飞行中的严重飞行事故应由包括驾驶舱机组、飞机设计制造、航空运输调度系统等各相关代理(agent)在内的社会-技术系统共同负责。例如,"6·1"法航客机坠毁事件的调查分析显示,机组飞行员在紧急情况下未能成功理解彼此的意图和行为,机组和自动飞行系统之间的信息交换出现障碍,使得情境意识在机组和系统层面出现失败,进而引发灾难性后果[17]。系统方法侧重于分析系统内各个代理之间的信息传递和功能协同,而并不侧重于诊断某一特定代理或特定问题的内部变化,这一有别于个体情境意识理论的新兴研究范式有助于为情境意识分析提供更为宏观的观察视角。

驾驶舱飞行机组通过沟通,实现决策所需的信息与知识传递、成员间的任务分配与协调。机组沟通可以帮助飞行员借助机组其他成员的协助,来加强自身在不同飞行阶段和任务条件下的监视保持、情境意识和工作负荷管理能力。在飞行事故分析中,驾驶舱机组沟通记录已经被作为重要的飞行员行为分析工具。机组沟通主要包括言语行为(speech act)和沟通内容(communication context)两个方面[18,19]。其中,言语行为记录了机组成员之间共享信息和交换知识的沟通行为类型(如通知、疑问、商讨、确认等),反映的是沟通的意图和目的;沟通内容记录了机组成员之间所共享的信息和知识的具体内容。现有研究显示,言语行为、沟通内容、沟通数量,以及新兴的沟通质量等概念,被用来检验机组沟通对飞行员情境意识和行为绩效的影响。

作为机组成员之间的交互行为,机组沟通对机组飞行绩效的支持效度易受个体飞行员认知状态的影响,尤其是在高任务复杂度条件下,机组沟通对改善飞行员情境意识和行为绩效、管控工作负荷的作用值得进一步探讨。在动态复杂的飞行情境中,飞行员持续不断地进行信息过滤、理解和行动选择,行为绩效被视为这一动态情境意识过程的收益(benefit),工作负荷被视为相应的成本或代价(cost)。尽管情境意识和行为绩效之间的因果关系尚无定论,但一个共识是良好的情境意识可在一定条件下和一定程度上促进行为绩效的提高,例如,Mansikka 等[20]的研究证实了战斗机飞行机组团队情境意识和行为绩效之间的非线性关系,飞行机组行为绩效会以边际效应递减的方式随着飞行机组团队情境意识的增强而提高。因此,尽量同时保持较高的情境意识和行为绩效是航空工效学设计所追求的一个重要目标。此外,飞行员工作负荷表征飞行员在作业中承受的工作强度,研究表明工作负荷与任务复杂度存在一定的正相关关系[21]。然而,工作负荷并不仅受任务复杂度影响,飞行员在作业中的所有认知和行为活动(包括机组沟通)都会引起工作负荷的变化,也就是说,工作负荷反映了飞行员维持情境意识和绩效所承受的代价。

此外,环境因素,如恶劣气象条件、低光照条件、昼夜节律等,也被实验研究证实对于长期稳定保持飞行员良好的情境意识能力有重要影响。Aherne 等[22] 指出应提升飞行员对恶劣气象条件下夜间飞行的适应能力,对恶劣环境的适应能力被证实与致命事故发生率呈现出高度负相关。Zhang 等[23] 指出不同作息安排会引起昼夜节律的变化,且睡眠不足和昼夜节律失调会降低商业航班飞行员的精神运动警觉性(psychomotor vigilance),进而抑制飞行员情境意识。

尽管当前对飞行员情境意识的研究已经广泛涵盖个体、团队和社会-技术系统等各层面,并在揭示飞行员情境意识在各种因素条件下的变化规律方面取得了重要进展,但截至目前学界尚未就各种影响因素对情境意识的综合作用机制达成系统性的一致意见。事实上,由于飞行员心理、生理状态的动态性、社会-技术系统的复杂性以及情境意识测量技术的局限性,现有研究多采用实验测量和理论模型评估的方法,聚焦于特定的一个或几个影响因素与飞行员情境意识之间的因果关系上,而忽视了各影响因素之间的相互作用,以及多因素相互作用对飞行员情境意识的综合影响。上述局限性对提取飞行员情境意识的关键影响因素、确定改善飞行员情境意识的优先措施造成了一定困难,限制了相关研究结果的应用潜力。一个可行的措施是,采用系统化的分析方法,构建飞行员情境意识的影响因素指标体系,并基于此进一步探究各项影响因素之间的内在关联和相互作用机理,这对于开展飞行员情境意识降级致因分析,提出飞行员情境意识的合理优化策略具有直接的参考意义。

1.4　飞行员情境意识影响因素指标体系

飞行员的情境意识对于保障飞行安全起到关键性作用,特别是对于经验不足的飞行员,其在执行复杂飞行任务时面临的挑战是保持稳定的情境意识。本节研究案例旨在基于飞行员视角,探究飞行员情境意识影响因素的内在相互关系和相互作用机理,进而提取飞行员情境意识的关键影响因素。

通过对在专业飞行学校接受培训的 55 名飞行员展开德尔菲调查,确定了飞行员情境意识影响因素指标体系。进一步地,基于决策试验与评价实验室(decision making trial and evaluation laboratory,DEMATEL)模型和对抗解释结构模型(adversarial interpretive structure modeling,AISM),对各影响因素之间的相互关系属性和相互作用机理进行系统性分析。本节案例对飞行员情境意识关键影响因素的提取方法开展了有益探索,研究结论可为在航空工程中(如飞机驾驶舱设计和商业飞行员培训)确定改善飞行员情境意识的优先策略提供工效学参考。

1.4.1　飞行员情境意识影响因素研究方法

如图 1.5 所示,飞行员情境意识受个体因素、团队因素、任务和人机系统因素等多类因素的共同影响。大量实验研究表明,飞行员的个人能力与状态、驾驶舱机组协作、任务复杂度、驾驶舱人机交互界面设计,以及驾驶舱自动化与自主化等因素,作用于飞行员的认知过程,影响飞行员情境意识的动态形成与变化。

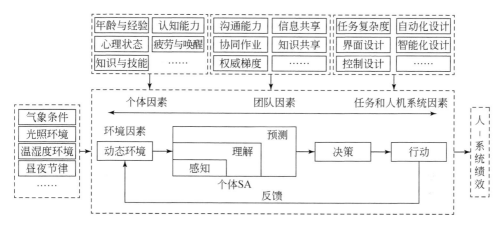

图 1.5   飞行员情境意识影响因素分析

本节案例提出了综合德尔菲调查方法、DEMATEL 和 AISM 的飞行员情境意识关键影响因素系统性研究方法(以上方法详见 1.4.2 节和 1.4.3 节中的相关内容),如图 1.6 所示。DEMATEL 方法利用图论和矩阵工具,对各影响因素的不同属性(如中心度和原因度)进行定量分析比较。ISM 方法则可基于影响因素之间的相互作用关系建立多层级拓扑结构模型,分析因素之间的递进致因关系和相互作用路径。AISM 在 ISM 基础上,进一步完善了各因素间相互作用的双向比较。作为系统化分析决策工具,DEMATEL-AISM 方法以直观的形式量化分析了飞行员情境意识影响因素的相互关系和相互作用机理,提供了飞行员情境意识关键影响因素的确定方法。在本案例中,DEMATEL-AISM 方法的具体实施流程如图 1.7 所示。

1.4.2   基于德尔菲调查方法的情境意识影响因素确定

1. 德尔菲调查方法

采用经典德尔菲调查方法确定飞行员情境意识影响因素。德尔菲调查方法也称为专家调查法,该方法以匿名反馈函询方式,将要研究的问题分别发送给各专家并收集专家意见,对汇总后的专家意见进行必要的统计分析,整理归纳出综合意见并将之分别匿名反馈给各专家,再次征询专家意见;各专家基于综合意见,修改或保留自己原有意见,或提出新的见解与建议,然后再次整理、归纳和统计专家意见,

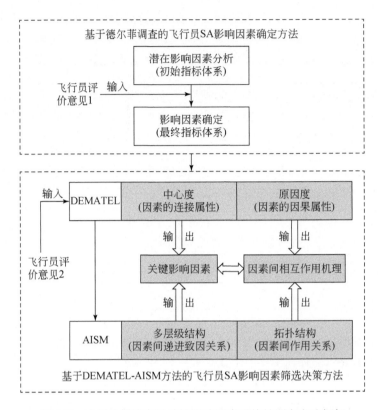

图 1.6　飞行员情境意识关键影响因素系统性研究方法框架

经过多轮迭代反复,直至专家意见达到较高的一致性水平。

德尔菲调查方法具有充分性、可靠性和统一性等三个主要特征(表 1.1),这些主要特征使得德尔菲调查方法具有便捷性、实用性、科学性、客观性和有效性等优势,在各个专业咨询领域得到了广泛的运用。

表 1.1　德尔菲调查方法的主要特征

主要特征	含义解释
充分性	采集多名不同专家的评价意见,充分利用各专家的专业知识、经验和见解
可靠性	采用匿名方式,确保各个专家之间相互独立、无横向联系,可在不受其他因素干扰的条件下做出独立、诚实的判断
统一性	经过多轮意见反馈,对专家意见的一致性进行检验,确保获得趋同、统一的专家意见

德尔菲调查方法的实施步骤如下:

1) 确定调查目的和调查问卷

由发起调查的研究人员确定研究目的和所需征询的问题(通常先由研究人员

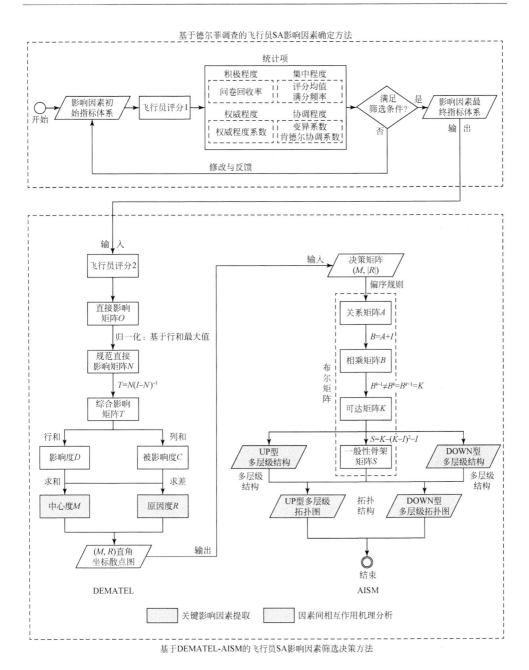

图 1.7　飞行员情境意识关键影响因素确定方法的实施流程

采用焦点小组方法形成初始的问卷指标体系），并提供与之相关的翔实背景材料，确保所发放的问卷具有良好的可解释性和可读性。

2）遴选熟悉调查问题的专家

基于研究目的和所需征询的问题,结合涉及的知识范畴和经验要求,遴选合适的专业人员作为待征询的专家。专家人数可视情况而定,实践中一般建议在 20 人左右。

3）调查问卷发放与专家评分

以匿名方式分别向各个专家发放调查问卷,专家基于利克特(Likert)五级标度对问卷中的各项指标进行评分,如表 1.2 所示。指标评分中,1～5 依次表示影响程度或重要程度等级"较小"、"一般"、"大"、"很大"和"极大"。此外,专家还需基于对各项指标的熟悉程度和判断依据(如实践经验、理论分析、对国内外同行研究的了解情况等),对评价意见的权威程度进行评分。权威程度评分也采用利克特五级标度,1～5 依次表示权威程度等级"很低"、"较低"、"一般"、"较高"和"很高"。

表 1.2　德尔菲调查问卷利克特五级标度评分方法

利克特五级标度	1	2	3	4	5
指标评分	较小	一般	大	很大	极大
权威程度	很低	较低	一般	较高	很高

此外,调查问卷还提供了开放式选项,飞行员可以就给定指标的含义解释、增列其他新指标等提出意见和建议,这些意见和建议将与问卷评分一起为综合意见生成提供分析基础。

4）专家意见汇总统计、指标筛选与综合意见生成

采用专家积极程度、专家意见集中程度、专家意见协调程度、专家意见权威程度等统计项,并基于各统计项的阈值确定指标筛选条件,如表 1.3 所示。对于满足筛选规则的指标应当予以保留;对于不满足筛选规则的指标,原则上应予以剔除;为防止剔除重要指标,仅剔除各项筛选规则全不满足的指标,对于仅部分筛选规则不满足的指标,研究人员可结合专家反馈的建议,基于科学性、全面性和可行性等原则进行讨论并决定去留。

表 1.3　专家意见统计项和问卷指标筛选规则

统计项		含义解释	筛选条件
积极程度	问卷回收率	表征调查专家对研究的关心程度和参与积极性	$\geqslant 0.7$
集中程度	评分均值 $\bar{x}_j$	所有专家(共 m 名)对第 j 个问卷指标(共 n 个)的评分的均值	$\geqslant 4$
	满分频率 Fm_j	对第 j 个问卷指标给出满分评价的专家人数 m_j^* 在专家总人数 m 中的占比	越大越好

续表

统计项		含义解释	筛选条件
协调程度	变异系数 V_j	所有专家对第 j 个问卷指标评分的标准偏差 σ_j 与均值 $\overline{x_j}$ 的比值,表征对第 j 个问卷指标的专家意见的波动程度	$\leqslant 0.25$
	肯德尔协调系数 W	所有专家对全部问卷指标的意见的协调程度,表征专家意见的一致性	χ^2 检验 $p < 0.05$
权威程度	权威程度系数 C_{rj}	通常由专家对第 j 个问卷指标的判断系数 C_{aj} 和熟悉程度系数 C_{sj} 的均值计算得到(本研究中直接由专家主观评分给出,见表 1.2),表征对第 j 个问卷指标的专家意见的可靠性	$\geqslant 3.5$

上述各统计项的计算公式分别如式(1.1)~式(1.5)所示。当某项问卷指标的专家意见同时满足评分均值<4,满分频率较低,变异系数>0.25,且权威程度系数<3.5 时,删除该指标。部分满足上述条件的指标,可根据具体情况另行讨论取舍。其余指标则全部保留。此外,还需对肯德尔协调系数 W(Kendall's W)进行显著性检验,基于卡方检验结果,在 95% 置信度下,若 $p<0.05$,则认为专家意见的非偶然协调是足以置信的,专家意见的一致性具有良好的可信度。结合指标筛选情况,以及飞行员提供的意见和建议,生成综合意见,形成新的问卷指标体系,准备开始下一轮反馈和迭代。

$$\overline{x_j} = \frac{1}{m} \sum_{i=1}^{m} x_{ij} \tag{1.1}$$

$$Fm_j = m_j^* / m \tag{1.2}$$

$$V_j = \sigma_j / \overline{x_j} \tag{1.3}$$

$$W = \frac{12}{m^2(n^3 - n)} \sum_{j=1}^{n} \left(\sum_{i=1}^{m} x_{ij} - \frac{1}{n} \sum_{i=1}^{m} \sum_{j=1}^{n} x_{ij} \right)^2 \tag{1.4}$$

$$C_{rj} = (C_{aj} + C_{sj}) / 2 \tag{1.5}$$

5) 反馈与迭代

将综合意见和新的问卷指标体系以匿名形式分别反馈给各专家,各专家再次进行评分,反复迭代(一般经历 2~4 轮),直至满足全部筛选条件,即包括:①专家意见显著一致;②问卷所有指标均满足筛选保留条件;③专家未提出新的意见或建议。

2. 指标体系初步构建和咨询专家遴选

1) 飞行员情境意识影响因素初始指标体系的确定

本研究采用焦点小组法确定飞行员情境意识影响因素的初始指标体系。参与焦点小组的专家均为来自人机工效学领域的高校研究人员,总计 10 人,基本情况见表1.4。

表 1.4　焦点小组专家基本情况

分类依据	类别	人数	占比/%
职称	教授	1	10.0
	副教授	2	20.0
	讲师	2	20.0
	研究生	5	50.0
教育背景	博士	5	50.0
	硕士	5	50.0
从业年限	(15,20]	1	10.0
	(10,15]	2	20.0
	(5,10]	2	20.0
	(0,5]	5	50.0

　　基于对情境意识理论发展的回顾分析,经工效学专家焦点小组讨论,构建了飞行员情境意识影响因素指标体系的初始指标体系,包括个体因素、机组因素、飞行任务与交互系统共 3 类、12 个因素。其中,个体因素包括基础认知能力、专业知识与技能、职业年龄与经验、工作心理状态;机组因素包括决断能力、领导力、驾驶舱权威梯度、驾驶舱机组协作能力;任务与交互系统因素包括工作负荷、任务特征、驾驶舱交互界面设计、驾驶舱自动化设计。各项指标的具体解释如表 1.5 所示。

表 1.5　面向第 1 轮德尔菲调查的飞行员情境意识影响因素初始指标体系

因素类别	因素名称	因素含义解释
个体因素	F1 基础认知能力	飞行员作业时认知资源供给能力,体现在视觉处理能力、工作记忆能力、空间感知能力、时间规划能力等方面
	F2 专业知识与技能	飞行员掌握的与所从事工作密切相关的专业知识的数量和专业技能水平
	F3 职业年龄与经验	飞行员的年龄(如青年、中青年、中年、中老年等)和职业经验(如飞行小时数、驾龄等)
	F4 工作心理状态	飞行员在作业时的情绪状态(如积极情绪或消极情绪)和疲劳程度

续表

因素类别	因素名称	因素含义解释
机组因素	F5 决断能力	飞行员对问题或分歧的处置能力,以及决策的果断性
	F6 领导力	飞行员组织和领导驾驶舱机组其他成员协同完成任务的管理技巧、素质和能力
	F7 驾驶舱权威梯度	驾驶舱机组成员之间在年龄、经验、资历、职位以及个性等文化方面的差异程度
	F8 驾驶舱机组协作能力	为了安全高效地完成飞行任务,驾驶舱机组成员相互协同、合理分工、有效沟通的能力
任务与交互系统因素	F9 工作负荷	一定时间内为完成任务所承受的工作量,包括生理负荷和心理负荷,前者与肌肉运动等体力活动有关,后者与监视、决策、规划等认知心理活动有关
	F10 任务特征	包括时间压力、决策复杂度、容错度等,这些特性往往受任务动态性影响,例如相比于常规情境,突发或紧急事件情境下时间压力、决策复杂度很可能会陡升,容错度很可能会下降
	F11 驾驶舱交互界面设计	交互界面向飞行员提供完成飞行任务所必需的信息,并允许飞行员输入相应的操控或指令,如位置布局、尺寸、突显性、信息集成度、信息显示维度(如三维沉浸式或二维平面式)、辅助决策等
	F12 驾驶舱自动化设计	自动化系统和飞行员之间交互的流畅性,以及飞行员对自动化系统的认知水平和信任程度

2）咨询专家遴选

本研究共邀请 40 名男性飞行员作为咨询专家,他们的飞行时长均值为 185h(标准差:119h),中位数 245h,众数 250h。这些飞行员全部已获得私人飞行员执照(private pilot license,PPL),大部分飞行员已获得商用飞行员执照(commercial pilot license,CPL),对这些飞行员基本信息的统计结果如表 1.6 和图 1.8 所示。

表 1.6　参与德尔菲调查的飞行员基本信息

	详细情况	人数	占比/%
培训机构	美国国家航空学院	26	65
	加拿大蒙克顿飞行学院	2	5
	中国国际航空公司	6	15
	北京航空航天大学飞行学院	4	10
	四川龙浩航校	1	2.5
	新疆天翔航空学院	1	2.5

续表

	详细情况	人数	占比/%
	(200,300]	27	67.5
飞行小时数	(100,200]	0	0
	(0,100]	13	32.5
	[20,24]	33	82.5
年龄	[25,29]	6	15
	≥30	1	2.5

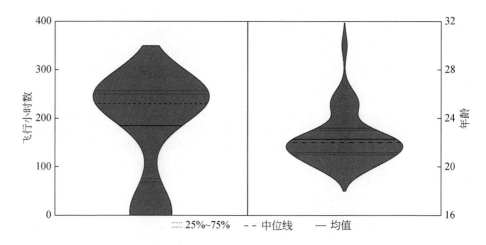

图 1.8　参与德尔菲调查的飞行员基本信息统计结果

3. 指标体系确定

以初始指标体系为基础,发放德尔菲调查问卷,汇总专家意见并进行统计分析。经两轮调查后,专家意见一致收敛,飞行员情境意识影响因素指标体系得以确定,如表 1.7 所示。该指标体系中影响因素分为 4 种类别,分别是个体因素类(含 5 个因素)、机组因素类(含 4 个因素)、任务与交互系统因素类(含 5 个因素)和驾驶舱环境因素类(含 4 个因素),各类因素数量总计 18 个。

1.4.3　基于决策模型的情境意识关键影响因素提取

上节通过德尔菲调查方法得到了飞行员情境意识影响因素指标体系,从飞行员的视角确定了应当充分关注的影响驾驶舱飞行员情境意识的各类因素。本节将进一步采集飞行员的意见,分析各个影响因素间的因果关系,以及在影响因素指标体系中的作用地位和重要程度,以确定在研究和工程中应当优先关注的关键影响因素。

表 1.7　基于德尔菲调查方法的飞行员情境意识影响因素指标体系

因素类别	因素名称	因素含义解释
个体因素	F1 基础认知能力	飞行员的视觉处理、工作记忆、空间/速度感知、时间规划、推理决策、抗干扰等个人基本能力
	F2 专业知识与技能	飞行员掌握的与飞行作业密切相关的专业知识数量和专业技能水平
	F3 职业年龄与经验	飞行员从业年限(或累计飞行小时数)和处置常规/非常规等各类空情的经验积累
	F4 作业心理状态	飞行员飞行作业时的情绪状态、唤醒程度、心理健康状态等
	F5 作业生理状态	飞行员飞行作业时的生理健康状态、疲劳程度等
机组因素	F6 机组权威梯度	驾驶舱机组成员在资历、职位、决策权限、文化背景等方面的差异
	F7 机组任务分配	为安全高效完成飞行作业,驾驶舱机组成员之间开展任务动态分配时的灵活性、协调性和合理性
	F8 机组协作默契程度	为安全高效完成飞行作业,驾驶舱机组成员之间协同作业、共同完成任务的默契程度
	F9 机组沟通能力	为实现任务分配和协同作业,驾驶舱机组成员之间通过沟通相互传递信息和知识的能力
任务与交互系统因素	F10 任务复杂度	受不同飞行任务特征(如常规任务、突发意外、紧急空情等)影响的时间压力、决策难度、操作难度、容错程度等
	F11 显示界面设计	交互界面提供给飞行员进行视觉处理的信息的设计方式,如位置布局、高亮突显、尺寸、增强视觉信息设计、辅助决策显示等
	F12 交互控制设计	交互界面提供给飞行员进行动作操控的硬件部件的设计方式,如按钮、杆、阀等的位置、尺寸、形状、触控、声控、眼控等设计
	F13 驾驶舱自动化设计	驾驶舱自动化系统与飞行员之间交互时的流畅性、协调性,以及对飞行任务需求的适应性
	F14 驾驶舱智能化设计	驾驶舱智能化系统与飞行员之间交互时的互信程度、融合程度,以及响应飞行任务变化的主动性、及时性、准确性和恰当性

续表

因素类别	因素名称	因素含义解释
驾驶舱环境因素	F15 气体环境	驾驶舱内气体（O_2、CO_2、其他气体或污染物微颗粒）的浓度、分布与流动循环状态
	F16 光照环境	昼夜晴雨等各类环境条件下驾驶舱界面显示效果（有无眩光、过明、过暗等），以及飞行员视觉感光的舒适程度
	F17 温湿度环境	驾驶舱温湿度环境调节对不同飞行任务特征下飞行员生理心理的舒适度和健康度的适应性
	F18 昼夜环境	可能会影响飞行员生理节律、心理状态和认知能力的昼夜排班或跨昼夜飞行

1. DEMATEL-AISM 决策模型方法

1) DEMATEL 决策模型

DEMATEL 比较飞行员情境意识影响因素之间的相互影响程度，计算出每个因素的影响度、被影响度、中心度和原因度。这些指标表征了各因素的相互关系属性，可揭示在所考察的影响因素指标体系中发挥主要作用、应予以优先关注的少数关键因素。DEMATEL 的具体实施步骤如下。

步骤 1：构建直接影响矩阵 O。

邀请飞行员开展因素间相互影响程度评价，其中，因素 S_i 与因素 S_j 之间进行两次评价，分别是因素 S_i 对因素 S_j 的直接影响程度值和因素 S_j 对因素 S_i 的直接影响程度值。对于具有模糊性的因素评价，直接影响程度的评价赋值通常采用 5 级标度方法，如表 1.8 所示。

表 1.8　因素间相互影响程度评价的 5 级标度

影响程度	没有	较小	一般	较大	非常大
直接影响值	0	1	2	3	4

当存在 n 个因素时，需要比较 $n(n-1)$ 次，进而可得到 n 维方阵。因素与其自身无须比较，即方阵主对角线上的值记为 0，由此得到直接影响矩阵 $O=(x_{ij})_{n \times n}$。

步骤 2：计算规范直接影响矩阵 N。

对直接影响矩阵 O 进行归一化处理后得到规范直接影响矩阵 N。所采用方法为最大值法，即选取某一最大值作为标准，将直接影响矩阵 $O=(x_{ij})_{n \times n}$ 中的元素 x_{ij} 的值与其相除，转化为 $[0,1]$ 区间的小数。常见的最大值选取方法有 6 种，分别为：行和最大值、列和最大值、行和/列和最大值中的较大值、行和/列和最大值中的较小值、最大行和/列和值的弦,以及弦的最大值,分别如式(1.6)～式(1.11)所示。本研究采用最常用的行和最大值[见式(1.6)],则规范直接影响矩阵 N 的计算如式(1.12)所示。

$$\bar{a} = \max a_j = \max\left(\sum_{j=1}^{n} x_{ij}\right) \qquad (1.6)$$

$$\bar{b} = \max b_i = \max\left(\sum_{i=1}^{n} x_{ij}\right) \qquad (1.7)$$

$$\max(\bar{a}, \bar{b}) \qquad (1.8)$$

$$\min(\bar{a}, \bar{b}) \qquad (1.9)$$

$$\bar{c} = \sqrt{(\bar{a})^2 + (\bar{b})^2} \qquad (1.10)$$

$$\bar{c} = \max\left(\sqrt{a_i^2 + b_i^2}\right) \qquad (1.11)$$

$$N = \frac{1}{\bar{c}} O \qquad (1.12)$$

步骤 3:计算综合影响矩阵 T。

综合影响矩阵 T 的含义是直接影响和间接影响之和。其中,间接影响以规范直接影响矩阵的自乘来表示,因此综合影响矩阵 $T = (t_{ij})_{n \times n}$ 可计算如式(1.13),其中 I 为单位矩阵。

$$T = \sum_{k=1}^{\infty} N^k = N(I - N)^{-1} \qquad (1.13)$$

步骤 4:计算影响度 D、被影响度 C、中心度 M 和原因度 R。

在综合影响矩阵 T 中,各行元素的值之和称为各行对应指标对所有其他指标的综合影响值,记为影响度 $D = (D_1, D_2, \cdots, D_n)$,其中 D_j 的计算可见式(1.14)。各列元素的值之和称为各列对应指标受到所有其他指标的综合影响值,记为被影响度 $C = (C_1, C_2, \cdots, C_n)$,其中 C_i 的计算可见式(1.15)。

$$D_j = \sum_{j=1}^{n} t_{ij} \qquad (1.14)$$

$$C_i = \sum_{i=1}^{n} t_{ij} \qquad (1.15)$$

某项因素 S_i 的影响度和被影响度之和记为该项指标的中心度 M_i,表示该项因素在影响因素指标体系中与其他因素的相互作用总和的大小,见式(1.16)。某项因素 S_i 的影响度和被影响度之差记为该项因素的原因度 R_i,见式(1.17)。原因度为正表示该项指标对其他因素影响较大,受其他因素影响较小,在影响因素指标体系中属于原因因素。反之,原因度为负表示该项指标对其他因素影响较小,受其他因素影响较大,在影响因素指标体系中属于结果因素。

$$M_i = D_i + C_i \qquad (1.16)$$

$$R_i = D_i - C_i \tag{1.17}$$

2) AISM 决策模型

在 DEMATEL 模型方法中,中心度和原因度综合了影响度和被影响度,提供了一种确定各因素的相互关系属性的方法。然而,DEMATEL 模型方法对原因和结果的综合,也使因素之间的递进致因关系被淡化,因素之间的相互作用关系也因此而模糊。因此,可以 DEMATEL 决策模型的结果作为输入,采用 AISM 模型方法,通过对抗多层级拓扑结构,提供飞行员情境意识影响因素的作用层级和相互作用路径(图 1.7),分别对影响因素之间的递进致因关系和相互作用关系进行可视化呈现,从而实现结构化分析飞行员情境意识影响因素的相互作用机理。AISM 具体实施步骤如下。

步骤 1:关系矩阵 A。

将 DEMATEL 模型方法中各个影响因素的中心度 M 和原因度的绝对值 $|R|$ 组合,可得决策矩阵 $\bar{D}$。在各个影响因素之间对 $(M, |R|)$ 进行成对比较,基于偏序(partial order, PO)规则可得关系矩阵 $A = (a_{ij})_{n \times n}$,该矩阵属于布尔方阵。

偏序规则内容如下:对于决策矩阵 $\bar{D}$ 中的任意两行 $(M_i, |R_i|)$ 和 $(M_j, |R_j|)$,当存在 $M_i < M_j$ 且 $|R_i| < |R_j|$ 时,记作 $PO_{(i \to j)} = S_i < S_j$,其含义是影响因素 S_j 优于影响因素 S_i,即影响因素 S_j 相比于 S_i 具有更高的重要程度。对于关系矩阵 $A = (a_{ij})_{n \times n}$,有

$$a_{ij} = \begin{cases} 1, & \text{当 } PO_{(i \to j)} \\ 0, & \text{当 } S_i \text{ 与 } S_j \text{ 无完全优劣关系,或 } S_i \text{ 优于 } S_j \end{cases} \tag{1.18}$$

步骤 2:可达矩阵 K。

由关系矩阵 A 可得到相乘矩阵 B,相乘矩阵 B 连乘若干次直至不变,得到可达矩阵 K。易证 $K = A$,由于不存在回路,可得到一般性骨架矩阵 S。上述运算均为布尔运算,各个矩阵均为布尔方阵。

$$B = A + I \tag{1.19}$$

$$B^{k-1} \neq B^k = B^{k+1} = K \tag{1.20}$$

$$S = K - (K - I)^2 - I \tag{1.21}$$

步骤 3:影响因素逐层提取。

对于布尔方阵,存在可达集 R、先行集 Q,以及共同集 T,其中 $T = R \cap Q$。以关系矩阵 A 为例,其中的要素 e_i 存在以下情况:

(1)要素 e_i 的可达集记为 $R(e_i)$,即该要素对应行值为 1 的所有要素组成的集合;

(2)要素 e_i 的先行集记为 $Q(e_i)$,即该要素对应列值为 1 的所有要素组成的集合;

(3)要素 e_i 的共同集记为 $T(e_i)$，即 $T(e_i)=R(e_i)\bigcap Q(e_i)$。

对抗层级结构图由 UP 型多层级结构和 DOWN 型多层级结构组成。UP 型多层级结构也称为结果优先逐层提取，其提取规则为 $T(e_i)=R(e_i)$，即首先提取结果因素，并将其置于层级结构的顶层，然后依此类推逐层提取并放置其他下层的影响因素。与之相反，DOWN 型多层级结构也称为原因优先逐层提取，遵循 $T(e_i)=Q(e_i)$ 的提取规则，首先提取原因因素，并将其置于层级结构的底层，然后依此类推逐层提取并放置其他上层的影响因素。

步骤 4：对抗拓扑层级结构。

基于矩阵 $S+I$ 获得拓扑结构，用有向线段表示各影响因素之间的可达关系，进而可绘制出对抗拓扑层级结构图。在 UP 型和 DOWN 型拓扑层级结构图中，位于较下层的影响因素代表原因，位于较上层的影响因素代表结果。因此，基于各影响因素之间的递进致因关系，可将飞行员情境意识影响因素分为三个集合：直接影响因素集（位于对抗拓扑层级结构最顶层）、中间影响因素集（位于对抗拓扑层级结构中间诸层）、根本影响因素集（位于对抗拓扑层级结构的最底层）。

直接影响因素可对飞行员情境意识产生最直接的作用，但该作用会受到中间影响因素和根本影响因素的影响。中间影响因素是根本影响因素对直接影响因素的作用媒介。根本影响因素对飞行员情境意识起到最基础的作用，相比于直接和中间影响因素，在研究中应优先考虑根本影响因素对飞行员情境意识的影响[24]。

2. DEMATEL-AISM 决策模型方法的计算结果

1）DEMATEL 决策模型计算结果

本研究共邀请 15 名来自中国国际航空公司的男性飞行员作为咨询专家，他们的飞行时长均值为 290h（标准差：44h），中位数 280h，众数 300h。这些飞行员已全部获得私人飞行员执照，大部分飞行员已获得商用飞行员执照，对这些飞行员基本信息的统计如表 1.9 所示。

表 1.9　参与 DEMATEL 的飞行员基本信息统计

	详细情况	人数	占比/%
飞行小时数	≥400	1	6.67
	[350,400)	1	6.67
	[300,350)	4	26.67
	[250,300)	8	53.33
	[200,250)	1	6.67
年龄	[20,24]	9	60.00
	[25,29]	6	40.00

　　汇总所采集的15名飞行员对各个因素之间相互影响程度评价数据,取均值构建直接影响矩阵 $O=(x_{ij})_{n \times n}$ (其中 $n=18$)作为输入,如表1.10所示。进而可得规范直接影响矩阵 N 和综合影响矩阵 T。

表 1.10　直接影响矩阵 O

$O_{18 \times 18}$	F1	F2	F3	F4	F5	F6	F7	F8	F9
F1	0.000	2.800	2.267	2.400	2.333	2.133	2.000	2.000	2.333
F2	3.067	0.000	2.733	2.267	1.933	2.267	2.400	2.533	2.667
F3	2.667	3.333	0.000	2.533	2.733	2.733	2.467	2.467	2.933
F4	3.067	2.000	2.333	0.000	2.600	1.733	2.067	2.667	2.800
F5	2.800	2.333	2.067	2.200	0.000	1.733	2.000	2.600	2.933
F6	1.933	2.000	2.600	2.267	2.067	0.000	3.000	2.733	3.000
F7	2.200	2.533	2.133	2.400	2.000	2.533	0.000	3.400	3.067
F8	2.533	2.267	2.067	2.867	2.067	2.400	2.600	0.000	2.867
F9	2.533	2.333	2.267	2.733	2.467	2.333	2.733	2.867	0.000
F10	2.200	2.333	2.267	2.733	2.400	2.133	2.733	2.600	2.667
F11	2.733	2.267	2.067	2.267	2.000	1.467	2.267	2.533	2.400
F12	2.400	2.133	1.800	2.133	1.533	1.533	1.867	1.867	2.133
F13	2.133	2.333	2.267	2.400	1.733	1.333	2.133	2.133	2.200
F14	2.600	2.267	2.000	2.067	1.733	1.533	2.333	2.333	2.333
F15	2.067	1.200	1.667	2.067	2.733	1.467	1.667	1.800	1.867
F16	2.133	1.867	2.067	2.133	2.333	1.467	1.467	1.800	1.933
F17	1.667	1.667	1.733	1.867	2.067	1.533	1.600	1.667	1.800
F18	2.133	1.667	2.333	2.200	2.267	1.467	1.933	2.200	2.067

$O_{18 \times 18}$	F10	F11	F12	F13	F14	F15	F16	F17	F18
F1	2.267	2.133	2.400	2.200	2.067	1.600	1.733	1.400	2.000
F2	2.333	2.067	2.200	2.467	2.400	1.733	1.400	1.800	1.800
F3	2.267	2.067	2.267	2.133	2.133	1.667	1.267	1.867	2.067
F4	2.267	1.600	1.400	2.000	1.533	1.733	1.733	1.667	2.067
F5	2.267	1.867	2.133	1.933	1.933	1.867	1.800	1.733	2.000
F6	2.067	1.467	1.667	1.867	1.467	1.533	1.533	1.667	1.867
F7	2.000	1.667	1.933	1.867	2.467	1.867	1.800	1.600	1.933
F8	2.200	2.000	2.133	2.333	1.800	1.533	1.800	1.933	1.800
F9	2.667	1.867	2.133	2.467	2.200	1.800	1.533	1.867	2.067

续表

$O_{18\times18}$	F10	F11	F12	F13	F14	F15	F16	F17	F18
F10	0.000	1.733	2.267	2.267	2.000	1.600	2.133	1.600	2.067
F11	2.467	0.000	2.200	2.400	2.533	1.667	1.867	1.533	1.867
F12	2.267	2.067	0.000	2.467	2.733	1.800	1.733	1.400	1.667
F13	2.733	2.733	2.867	0.000	2.533	1.800	1.267	1.667	1.600
F14	2.600	2.067	2.133	2.667	0.000	1.800	2.000	1.733	1.867
F15	2.200	1.267	1.667	1.733	1.533	0.000	1.933	2.000	1.933
F16	2.067	1.800	1.933	1.600	1.933	1.667	0.000	1.667	2.133
F17	2.067	1.267	1.600	1.200	1.867	2.200	1.933	0.000	1.800
F18	2.467	1.667	2.000	1.933	2.200	2.000	2.333	1.933	0.000

基于综合影响矩阵 T 中的各行和各列元素值之和,分别计算各影响因素的影响度 D 和被影响度 C,进而计算各影响因素的中心度 M 和原因度 R,计算结果如表 1.11 和图 1.9 所示。

表 1.11　影响度、被影响度、中心度和原因度的计算结果

	F1	F2	F3	F4	F5	F6	F7	F8	F9
D_i	9.469	9.977	10.363	9.276	9.490	9.162	9.802	9.736	10.157
C_i	10.670	9.834	9.598	10.339	9.646	8.464	9.793	10.517	10.960
M_i	20.139	19.811	19.961	19.615	19.136	17.626	19.595	20.253	21.117
R_i	−1.201	0.143	0.765	−1.064	−0.157	0.699	0.009	−0.780	−0.803

	F10	F11	F12	F13	F14	F15	F16	F17	F18
D_i	9.876	9.582	8.815	9.415	9.448	8.073	8.408	7.754	9.097
C_i	10.199	8.289	9.172	9.362	9.240	7.830	7.807	7.646	8.535
M_i	20.075	17.871	17.987	18.777	18.688	15.903	16.215	15.400	17.632
R_i	−0.323	1.294	−0.356	0.053	0.208	0.244	0.601	0.107	0.561

按照中心度和原因度从高到低依次对飞行员情境意识影响因素进行排序,结果如表 1.12 所示。

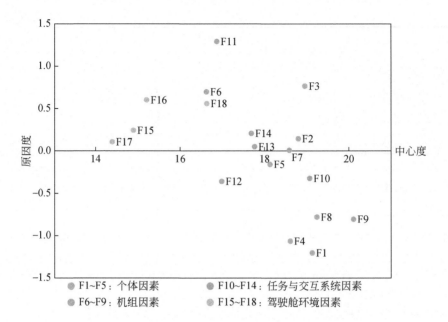

图 1.9　各项飞行员情境意识影响因素的中心度和原因度

表 1.12　分别基于中心度和原因度的飞行员情境意识影响因素排序 (由高到低)

排序	中心度		原因度	
	影响因素类别	影响因素	影响因素类别	影响因素
1	机组因素	F9_机组沟通能力	任务与交互系统因素	F11_界面显示设计
2	机组因素	F8_机组协作默契程度	个体因素	F3_职业年龄与经验
3	个体因素	F1_基础认知能力	机组因素	F6_机组权威梯度
4	任务与交互系统因素	F10_任务复杂度	驾驶舱环境因素	F16_光照环境
5	个体因素	F3_职业年龄与经验	驾驶舱环境因素	F18_昼夜环境
6	个体因素	F2_专业知识与技能	驾驶舱环境因素	F15_气体环境
7	个体因素	F4_作业心理状态	任务与交互系统因素	F14_驾驶舱智能化设计
8	机组因素	F7_机组任务分配	个体因素	F2_专业知识与技能
9	个体因素	F5_作业生理状态	驾驶舱环境因素	F17_温湿度环境
10	任务与交互系统因素	F13_驾驶舱自动化设计	任务与交互系统因素	F13_驾驶舱自动化设计
11	任务与交互系统因素	F14_驾驶舱智能化设计	机组因素	F7_机组任务分配
12	任务与交互系统因素	F12_交互控制设计	个体因素	F5_作业生理状态
13	任务与交互系统因素	F11_界面显示设计	任务与交互系统因素	F10_任务复杂度
14	驾驶舱环境因素	F18_昼夜环境	任务与交互系统因素	F12_交互控制设计

排序	中心度		原因度	
	影响因素类别	影响因素	影响因素类别	影响因素
15	机组因素	F6_机组权威梯度	机组因素	F8_机组协作默契程度
16	驾驶舱环境因素	F16_光照环境	机组因素	F9_机组沟通能力
17	驾驶舱环境因素	F15_气体环境	个体因素	F4_作业心理状态
18	驾驶舱环境因素	F17_温湿度环境	个体因素	F1_基础认知能力

2) AISM 决策模型的计算结果

以 DEMATEL 的计算结果作为输入,基于 AISM 求解对抗多层级拓扑结构。将各个影响因素的中心度 M 和原因度 R 的绝对值组合可得决策矩阵 $\overline{D}$,如表 1.13 所示。在各个影响因素之间对 $(M, |R|)$ 进行两两比较,基于偏序规则可得关系矩阵 A(表 1.14)。然后通过布尔运算得到可达矩阵 K(表 1.15)和一般性骨架矩阵 S(表 1.16),进而进行 UP 型 $[T(e_i) = R(e_i)]$ 和 DOWN 型 $[T(e_i) = Q(e_i)]$ 逐层提取,得到 UP 型和 DOWN 型对抗层级拓扑图(图 1.10)。

表 1.13　决策矩阵 $\overline{D}$

因素类别	因素名称	中心度 M	原因度 $|R|$
个体因素	F1_基础认知能力	20.159	1.202
	F2_专业知识与技能	19.830	0.143
	F3_职业年龄与经验	19.980	0.766
	F4_作业心理状态	19.634	1.065
	F5_作业生理状态	19.155	0.157
机组因素	F6_机组权威梯度	17.643	0.699
	F7_机组任务分配	19.614	0.009
	F8_机组协作默契程度	20.273	0.781
	F9_机组沟通能力	21.137	0.804
任务与交互系统因素	F10_任务复杂度	20.095	0.324
	F11_界面显示设计	17.889	1.295
	F12_交互控制设计	18.005	0.356
	F13_驾驶舱自动化设计	18.796	0.053
	F14_驾驶舱智能化设计	18.740	0.209

续表

因素类别	因素名称	中心度 M	原因度 $\lvert R \rvert$
驾驶舱 环境因素	F15_气体环境	15.918	0.244
	F16_光照环境	16.231	0.602
	F17_温湿度环境	15.415	0.108
	F18_昼夜环境	17.649	0.562

表 1.14　关系矩阵 $A_{18 \times 18}$

	F1	F2	F3	F4	F5	F6	F7	F8	F9	F10	F11	F12	F13	F14	F15	F16	F17	F18
F1	0	0	0	0	0	0	0	0	0	0	0	0	0	0	0	0	0	0
F2	1	0	1	0	0	0	0	1	1	1	0	0	0	0	0	0	0	0
F3	1	0	0	0	0	0	0	1	1	0	0	0	0	0	0	0	0	0
F4	1	0	0	0	0	0	0	0	0	0	0	0	0	0	0	0	0	0
F5	1	0	1	1	0	0	0	1	1	0	0	0	0	0	0	0	0	0
F6	1	0	1	1	0	0	0	1	1	0	1	0	0	0	0	0	0	0
F7	1	1	1	1	0	0	0	1	1	1	0	0	0	0	0	0	0	0
F8	0	0	0	0	0	0	0	0	1	0	0	0	0	0	0	0	0	0
F9	0	0	0	0	0	0	0	0	0	0	0	0	0	0	0	0	0	0
F10	1	0	0	0	0	0	0	1	1	0	0	0	0	0	0	0	0	0
F11	0	0	0	0	0	0	0	0	0	0	0	0	0	0	0	0	0	0
F12	1	0	1	1	0	0	0	1	1	0	0	0	0	0	0	0	0	0
F13	1	1	1	1	1	0	0	1	1	1	0	0	0	0	0	0	0	0
F14	1	0	1	1	0	0	0	1	1	1	0	0	0	0	0	0	0	0
F15	1	0	1	1	0	1	0	1	1	1	1	0	0	0	0	1	0	1
F16	1	0	1	1	0	1	0	1	1	0	1	0	0	0	0	0	0	0
F17	1	1	1	1	1	1	0	1	1	1	1	1	0	1	1	1	0	1
F18	1	0	1	1	0	0	0	1	1	0	1	0	0	0	0	0	0	0

表 1.15　可达矩阵 $K_{18 \times 18}$

	F1	F2	F3	F4	F5	F6	F7	F8	F9	F10	F11	F12	F13	F14	F15	F16	F17	F18
F1	1	0	0	0	0	0	0	0	0	0	0	0	0	0	0	0	0	0

续表

	F1	F2	F3	F4	F5	F6	F7	F8	F9	F10	F11	F12	F13	F14	F15	F16	F17	F18
F2	1	1	1	0	0	0	0	1	1	1	0	0	0	0	0	0	0	0
F3	1	0	1	0	0	0	0	1	1	0	0	0	0	0	0	0	0	0
F4	1	0	0	1	0	0	0	0	0	0	0	0	0	0	0	0	0	0
F5	1	0	1	1	1	0	0	1	1	1	0	0	0	0	0	0	0	0
F6	1	0	1	1	0	1	0	1	1	0	1	0	0	0	0	0	0	0
F7	1	1	1	1	0	0	1	1	1	1	0	0	0	0	0	0	0	0
F8	0	0	0	0	0	0	0	1	1	0	0	0	0	0	0	0	0	0
F9	0	0	0	0	0	0	0	0	1	0	0	0	0	0	0	0	0	0
F10	1	0	0	0	0	0	0	1	1	0	0	0	0	0	0	0	0	0
F11	0	0	0	0	0	0	0	0	0	0	1	0	0	0	0	0	0	0
F12	1	0	1	1	0	0	0	1	1	0	0	1	0	0	0	0	0	0
F13	1	1	1	1	1	0	0	1	1	1	0	0	1	0	0	0	0	0
F14	1	0	1	1	0	0	0	1	1	1	0	0	0	1	0	0	0	0
F15	1	0	1	1	0	1	0	1	1	1	1	0	0	1	1	1	0	1
F16	1	0	1	1	0	1	0	1	1	0	0	0	0	0	1	1	0	0
F17	1	1	1	1	1	1	0	1	1	1	1	1	0	1	1	1	1	1
F18	1	0	1	1	0	0	0	1	1	0	1	0	0	0	0	0	0	1

表 1.16 一般性骨架矩阵 $S_{18 \times 18}$

	F1	F2	F3	F4	F5	F6	F7	F8	F9	F10	F11	F12	F13	F14	F15	F16	F17	F18
F1	0	0	0	0	0	0	0	0	0	0	0	0	0	0	0	0	0	0
F2	0	0	1	0	0	0	0	0	0	1	0	0	0	0	0	0	0	0
F3	1	0	0	0	0	0	0	1	0	0	0	0	0	0	0	0	0	0
F4	1	0	0	0	0	0	0	0	0	0	0	0	0	0	0	0	0	0
F5	0	0	1	1	0	0	0	0	0	1	0	0	0	0	0	0	0	0
F6	0	0	1	1	0	0	0	0	0	0	1	0	0	0	0	0	0	0
F7	0	1	0	1	0	0	0	0	0	0	0	0	0	0	0	0	0	0
F8	0	0	0	0	0	0	0	0	1	0	0	0	0	0	0	0	0	0
F9	0	0	0	0	0	0	0	0	0	0	0	0	0	0	0	0	0	0
F10	1	0	0	0	0	0	0	1	0	0	0	0	0	0	0	0	0	0
F11	0	0	0	0	0	0	0	0	0	0	0	0	0	0	0	0	0	0
F12	0	0	1	1	0	0	0	0	0	0	0	0	0	0	0	0	0	0

	F1	F2	F3	F4	F5	F6	F7	F8	F9	F10	F11	F12	F13	F14	F15	F16	F17	F18
F13	0	1	0	0	0	1	0	0	0	0	0	0	0	0	0	0	0	0
F14	0	0	1	1	0	0	0	0	0	1	0	0	0	0	0	0	0	0
F15	0	0	0	0	0	0	0	0	0	1	0	1	0	0	0	1	0	1
F16	0	0	0	0	0	1	0	0	0	0	0	0	0	0	0	0	0	0
F17	0	1	0	0	1	0	0	0	0	0	0	0	0	1	1	0	0	0
F18	0	0	1	1	0	0	0	0	0	0	1	0	0	0	0	0	0	0

所得到的对抗解释结构模型分为 7 个层次，如图 1.10 所示，该图展示了驾驶舱飞行员情境意识各个影响因素之间的相互作用。在对抗层级拓扑图中，L1 层为结果层，是直接影响因素集；L2、L3、L4、L5 和 L6 为中间层，是中间影响因素集；L7 层为原因层，是根本影响因素集。考虑到因素数量多达 18 个，各层因素之间相互作用非常复杂，故本研究中的对抗层级拓扑图主要关注相邻层之间的相互作用，而忽略因素之间的跨层相互作用，以使图形简化。

3. DEMATEL-AISM 决策模型方法的结果讨论

飞行员情境意识是各类影响因素相互作用的结果。本研究旨在探讨飞行员情境意识影响因素相互关系属性和相互作用机理，分别包括因素的关联属性、因果属性，以及因素间的递进致因关系和作用路径，从而可为开展飞行员情境意识降级致因分析、提出合理的飞行员情境意识优化策略，以及改善飞行员训练提供依据。首先，本研究通过面向飞行员的调查，确定了飞行员情境意识影响因素指标体系，共包含 18 个因素。进一步，采用了 DEMATEL-AISM 决策模型方法，计算得到各因素的中心度、原因度和多层级拓扑结构，基于各因素的相互关系属性和相互作用机理分析，提取了影响飞行员情境意识的潜在优先因素。

1) 关于飞行员情境意识影响因素相互关系属性的讨论

本研究中，某一情境意识影响因素的中心度表征该因素与其他影响因素之间的相互影响程度总和（即关联性），中心度越高代表该因素与其他因素的关联性越强。结果显示，按照中心度从高到低排序，前 20% 的因素依次是机组沟通能力、机组协作默契程度和基础认知能力，后 20% 的因素依次是光照环境、气体环境和温湿度环境因素。这表明机组沟通能力因素是对飞行员情境意识影响最为突出的因素，机组协作默契程度和基础认知能力其次，从而提示在机组训练中应当优先加强飞行员的机组沟通和协作能力。相关研究表明，有效的机组沟通和完整的信息共享有助于增强驾驶舱机组的团队情境意识，减少高风险情境（如紧急情况）下的人的失误[25]。考虑到基础认知能力体现了飞行员的个体差异，也应当重视对飞行员

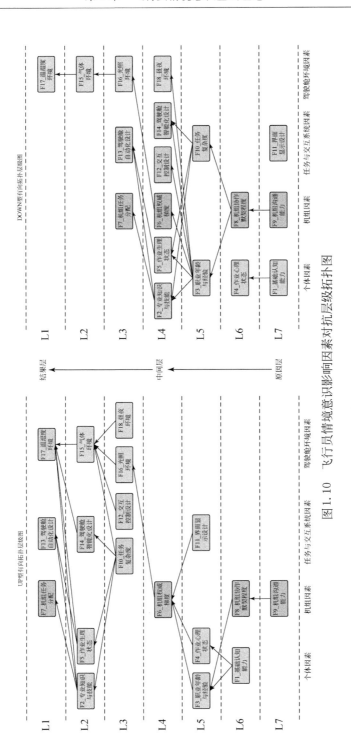

图 1.10　飞行员情境意识影响因素对抗层级拓扑图

基础认知能力的筛选和强化。相比之下,改善各类环境因素的努力对增强飞行员情境意识的效果相对有限。

原因度被用于度量因素的因果属性,依据原因度的正负性可将飞行员情境意识影响因素分为原因因素(原因度为正)和结果因素(原因度为负)。按原因度由高到低排序,前 20% 的因素依次是界面显示设计、职业年龄与经验和机组权威梯度(均属原因因素),后 20% 的因素依次是机组沟通能力、作业心理状态和基础认知能力(均属结果因素)。有研究表明,对原因因素的投入往往具有更多的综合回报[26]。因此,在诸因素中,优化界面显示设计,可被视为改善飞行员情境意识的最为直接的技术手段。事实上,作为交互媒介,驾驶舱显示界面为飞行员提供了组织化的信息,因此,界面设计品质的优劣通过影响飞行员的视觉注意和信息感知,进而影响飞行员的情境意识。现有研究和工程实践中指出了若干种可行的技术方法来提高界面设计品质,如优化视觉编码、开发增强视觉系统,以及开发合成视觉系统。此外,职业年龄与经验、机组权威梯度也对飞行员情境意识至关重要,这表明所调查的飞行员重视与经验丰富的专家飞行员开展有效合作,并期待健康良好的驾驶舱文化对其情境意识的支持。数据分析结果还表明,机组沟通能力、作业心理状态和基础认知能力最易受到其他因素的影响,提示在飞行员训练中有意识强化这几项能力时,应当特别考虑其他因素对它们的影响。

2) 关于飞行员情境意识影响因素相互作用机理的讨论

如图 1.10 所示,通过对 UP 型和 DOWN 型层级结构的综合分析,可见根本影响因素集包括基础认知能力、机组沟通能力和界面显示设计 3 个因素,其中机组沟通能力(作为两型层级结构原因层的交集)是最为关键和基础的影响因素。这与现有的一些研究结论是一致的,即飞行机组关于信息和知识的语义交互(semantic interaction)能够有效促进飞行员情境意识的形成[27]。作为驾驶舱资源管理的重要内容,机组沟通支持了机组成员之间的信息和知识共享,优化了机组成员的信息加工过程,提高了机组成员处理复杂任务的能力。信息和知识共享,涉及沟通目的、类型、内容、数量、质量等方面[28],有效的信息和知识共享,可以帮助机组开展合理的任务分配并适应动态变化的飞行情境,进而有益于飞行安全。

拓扑结构图展示了飞行员情境意识影响因素之间的作用路径,例如 F9→F8→F3→F6→F16→F15→F17,数量众多的作用路径体现了因素间相互作用的复杂性。在从根本影响因素到直接影响因素的飞行员情境意识递进影响过程中,中间层因素发挥了中介作用。例如,作业心理状态、机组协作默契程度和任务复杂度位于近邻原因层(L7)的中间层(L5、L6),这表明为了更好地促进机组沟通能力对飞行员情境意识的支持,还需重视提高飞行员的心理健康水平,改善机组协作技能和驾驶舱文化,加强飞行员对复杂任务(如发动机故障等突发紧急情况)的适应能力[29]。另外,驾驶舱环境因素均处于结果层和近邻结果层的中间层(L1~L4),这表明调节驾驶舱环境可能是改善飞行员情境意识的一种直接手段,但由于驾驶舱环境因素对飞行员情境意识的影响还易受根本影响因素和中间层影响因素的作用,因此不同条件下驾驶舱环境因素的调节效果可能具有一定的不稳定性或非一致性。

3) 关键影响因素提取

上述结果揭示了影响飞行员情境意识的六个最重要因素,即机组沟通能力、机组协作默契程度、基础认知能力、显示界面设计、职业年龄与经验和机组权威梯度;其中,前三者与其他因素的关联性最大,后三者最易对其他因素产生影响。此外,机组沟通能力、基础认知能力和显示界面设计对飞行员情境意识起到根本性影响作用,而其中机组沟通能力作为机组类因素,是最为基础的根本性影响因素。在任务与人机交互系统类因素中,显示界面设计因素和任务复杂度依次是最重要的因素。在个体类影响因素中,基础认知能力是最重要的因素,个体差异会使得飞行员认知与决策能力呈现较大差别,这提示了飞行员选拔与培训的重要意义。相比于其他三类影响因素,驾驶舱环境类因素的重要度最低,且其对飞行员情境意识的作用可能会受到其他三类因素的制约。

随着飞行环境日趋复杂,飞行员认知能力在复杂和异常飞行情境下受到的挑战越来越多。来自飞行环境和飞机系统的不确定性致使意外突发事件构成影响飞行安全的显著挑战,在异常飞行情境下飞行员的决策难度大幅增加,这对飞行员情境意识提出了更高要求,并进而拓展至飞行员的作业绩效(作为情境意识的效益)和工作负荷(作为情境意识的成本)。驾驶舱人机交互系统,特别是显示界面,为飞行员提供了组织化的信息、快速响应支持和决策辅助,从而在飞行员情境意识的形成过程中发挥重要作用。机组沟通在驾驶舱飞行机组决策中起到传递信息与知识、协调成员间任务分配的作用。综上所述,当面向特定的飞行员群体时(即可暂不考虑飞行员个体类因素),可以选取机组沟通能力、显示界面设计和任务复杂度因素,作为飞行员情境意识的关键影响因素和改善飞行员情境意识的优先研究方向。

4) 本研究的局限性

本研究采用的 DEMATEL-AISM 方法,已被证实是一种有效的系统方法,与现有的情境意识研究方法不同,其在揭示复杂系统因素的因果关系方面更具有优势。例如,与主观调查方法相比,DEMATEL-AISM 方法能够从系统的角度揭示新手飞行员情境意识的影响因素之间的相互作用,这对于旨在改善飞行员情境意识的多准则决策具有重要的意义。

尽管如此,本研究仍存在一些局限。首先,本研究通过对在飞行学校接受培训的飞行学员的调查,确定了飞行员情境意识影响因素以及因素间的相互作用,然而考虑到飞行训练是飞行教官和飞行学员的互动教学过程,因此可在未来工作中补充考虑飞行教官的意见和建议,从而为改善飞行员情境意识提供更多的参考。其次,影响因素指标体系的确定和因素之间相互影响程度的评价,在一定程度上存在主观性和概括性。在未来工作中,将进一步结合概念定义更加精细的影响因素指标体系,以及以往研究中的实验数据和飞行安全报告中的事故分析数据,以增强研究的客观性。最后,尽管 DEMATEL-AISM 方法以量化、可视化的方式揭示了飞行员情境意识影响因素之间的相互作用,然而作为数学结果,仍缺乏一定统计验证,且在工程实践中的可解释性仍有待进一步提高。在未来工作中,可通过结合其他定量研究方法,如故障树分析(fault tree analysis,FTA)、贝叶斯网络(Bayesian network,BN)、逼近理想解方法(technique for order preference by similarity to ideal solution,TOPSIS)等,进一步提高研究结论的可靠性和有效性。

4. 研究案例小结

本章案例研究基于飞行员视角,提出了综合德尔菲调查方法、DEMATEL 和 AISM 的飞行员情境意识影响因素的系统性研究方法,确定了飞行员情境意识影响因素指标体系,构建了飞行员情境意识关键影响因素的分析与提取方法,从而为确定改善飞行员情境意识的优先决策方向提供了理论参考与方法支持。该案例研究的主要结论如下:

(1)飞行员情境意识影响因素包括 18 个因素,可分为飞行员个体因素、机组因素、任务与人机交互系统因素、驾驶舱环境因素四类。

(2)基于影响因素相互关系属性的分析表明,机组沟通能力、机组协作默契程度、基础认知能力、显示界面设计、职业年龄与经验和机组权威梯度,是飞行员情境意识的六个最重要的影响因素。其中,前三者与其他因素的关联性最大,后三者最易对其他因素产生影响。

(3)基于影响因素相互作用机制的分析表明,机组沟通能力、基础认知能力和显示界面设计三个因素对飞行员情境意识起到根本性影响作用,其中机组沟通能力是最为基础的根本性影响因素。任务复杂度是重要程度仅次于显示界面设计的任务与人机交互系统类因素。

(4)DEMATEL 和 AISM 的结果具有一致性。二者均揭示了机组沟通能力的根本影响作用和优先性,也都指出驾驶舱环境因素(如光照环境、气体环境和温湿度环境因素)对飞行员情境意识的直接作用,然而该作用易受其他因素的制约,这揭示了其他三类影响因素相比于驾驶舱环境类因素可能处于更优先的决策序列。

参 考 文 献

[1] Parmar S, Thomas R P. Effects of probabilistic risk situation awareness tool (RSAT) on aeronautical weather-hazard decision making. Frontiers in Psychology,2020,11:566780.

[2] Salmon P M, Walker G H, Stanton N A. Broken components versus broken systems:why it

is systems not people that lose situation awareness. Cognition, Technology & Work, 2015, 17 (2): 179-183.

[3] Aircraft Accident Investigation Bureau. Aircraft Accident Investigation Bureau interim investigation report on accident to the B737-8 (MAX) registered ET-AVJ operated by Ethiopian Airlines. Addis Ababa: The Federal Democratic Republic of Ethiopia Ministry of Transport, 2020.

[4] Endsley M R. Situation awareness global assessment technique (SAGAT). Proceedings of the IEEE 1988 National Aerospace and Electronics Conference, New York, 1988.

[5] Wickens C D, Gordon S E, Liu Y, et al. An Introduction to Human Factors Engineering. Upper Saddle River: Prentice Hall, 2004.

[6] Smith K, Hancock P A. Situation awareness is adaptive, externally directed consciousness. Human Factors: The Journal of the Human Factors and Ergonomics Society, 1995, 37 (1): 137-148.

[7] Salas E. Situation Awareness. London: Routledge, 2017.

[8] Shu Y F, Furuta K. An inference method of team situation awareness based on mutual awareness. Cognition, Technology & Work, 2005, 7 (4): 272-287.

[9] Stanton N A, Stewart R, Harris D, et al. Distributed situation awareness in dynamic systems: theoretical development and application of an ergonomics methodology. Ergonomics, 2006, 49 (12/13): 1288-1311.

[10] Asmayawati S, Nixon J. Modelling and supporting flight crew decision-making during aircraft engine malfunctions: developing design recommendations from cognitive work analysis. Applied Ergonomics, 2020, 82: 102953.

[11] Weigl M, Catchpole K, Wehler M. et al. Workflow disruptions and provider situation awareness in acute care: an observational study with emergency department physicians and nurses. Applied Ergonomics, 2020, 88: 103155.

[12] Taber M J. Investigating offshore helicopter pilots' cognitive load and physiological responses during simulated in-flight emergencies. The International Journal of Aerospace Psychology, 2021, 31 (1): 56-69.

[13] Pritchett A R, Ockerman J J. Supporting mixed-initiative emergency flight planning by portraying procedure context information. Cognition, Technology & Work, 2016, 18 (4): 643-655.

[14] Nadj M, Maedche A. Situation awareness in aircraft ground handling: the impact of auditory and visual notification cues. Journal of Cognitive Engineering and Decision Making, 2019, 13 (2): 102-122.

[15] Schneiders C, Vanzetta J, Verstege J F. Enhancement of situation awareness in wide area transmission systems for electricity and visualization of the global system state//Mcarthur S, Taylor P C, Ault G W, et al. The 3rd IEEE PES Innovative Smart Grid Technologies Europe. Berlin: IEEE, 2012: 1-9.

[16] Hamlet O E D, Irwin A, McGregor M. Is it all about the mission? comparing non-technical skills across offshore transport and search and rescue helicopter pilots. The International Journal of Aerospace Psychology, 2020, 30(3/4):215-235.

[17] David L Z, Schraagen J M. Analysing communication dynamics at the transaction level: the case of Air France Flight 447. Cognition Technology and Work, 2018, 20(4):637-649.

[18] Tiferes J, Bisantz A M. The impact of team characteristics and context on team communication: an integrative literature review. Applied Ergonomics, 2018, 68:146-159.

[19] Bibyk S A, Blaha L M, Myers C W. How packaging of information in conversation is impacted by communication medium and restrictions. Frontiers in Psychology, 2021, 12:594255.

[20] Mansikka H, Virtanen K, Uggeldahl V, et al. Team situation awareness accuracy measurement technique for simulated air combat: curvilinear relationship between awareness and performance. Applied Ergonomics, 2021, 96:103473.

[21] Charles R L, Nixon J. Measuring mental workload using physiological measures: a systematic review. Applied Ergonomics, 2019, 74:221-232.

[22] Aherne B B, Zhang C, Chen W S, et al. Pilot decision making in weather-related night fatal helicopter emergency medical service accidents. Aerospace Medicine and Human Performance, 2018, 89(9):830-836.

[23] Zhang X Y, Qu X D, Xue H J, et al. Effects of time of day and taxi route complexity on navigation errors: an experimental study. Accident Analysis & Prevention, 2019, 125: 14-19.

[24] Meng B, Lu N, Lin C, et al. Study on the influencing factors of the flight crew's TSA based on DEMATEL-ISM method. Cognition, Technology & Work, 2022, 24(2):275-289.

[25] Wang Y Q, Liu C Q. IEEE. Study on flight crew's team situation awareness based on team and task process. The 5th International Conference on Transportation Information and Safety, Liverpool, 2019.

[26] Wang L L, Cao Q G, Zhou L J. Research on the influencing factors in coal mine production safety based on the combination of DEMATEL and ISM. Safety Science, 2018, 103:51-61.

[27] Dapica R, Peinado F. Towards a semantic knowledge base for competency-based training of airline pilots. Procedia Computer Science, 2021, 192:1208-1217.

[28] Kanki B G. Communication and crew resource management//Kanki B G. Crew Resource Management (third edition). Cambridge: Academic Press, 2019:103-137.

[29] Avril E, Valéry B, Navarro J, et al. Effect of imperfect information and action automation on attentional allocation. International Journal of Human-Computer Interaction, 2021, 37(11): 1063-1073.

第 2 章 飞行员情境意识认知建模

情境意识一词发源于第一次世界大战的军事航空领域,第二次世界大战后尤其到了 20 世纪 80 年代后期,相关研究开始出现在航空心理学并引起了学术界的广泛关注[1,2]。自 1995 年 *Human Factors* 期刊的特刊介绍以来,经过 20 余年的研究和探索,情境意识已发展为人因工程领域的主流研究方向之一[2]。情境意识的概念在飞行员努力地适应复杂且动态变化的飞行信息环境中得到发展,并且扩展到众多存在类似挑战的领域。

截至目前,关于情境意识的定义已超过 30 种,但仍未达成一致[2,3]。其中三层次模型的情境意识定义得到了较为广泛的认可,其指出情境意识为"对一定时空内环境要素的感知、对其意义的理解,以及对其不久将来状态的预测"[1,4]。目前对情境意识的研究主要集中在理论建模和测量方法上,其中情境意识的模型构建是当前的研究难点之一[2,5]。情境意识模型可分为概念模型和计算模型等不同类型。情境意识概念模型通常是情境意识定义的拓展,是对情境意识的定性解释和机理表达[2]。伴随着实际工程应用的需要,逐渐出现了情境意识计算模型。相对于情境意识概念模型,情境意识计算模型建立在概念表征理论的基础之上,并重点进行了计算及预测功能的扩展与量化实现,具有工效评价和一定程度的事前预测能力,因此一直是研究人员关注的焦点之一[6-8]。

面向特殊且具有风险的任务操作环境的复杂工业系统领域(如航空、航天、核电等),开展系统开发早期的认知计算建模可用来评估和改进当前设计可支撑的操作者情境意识水平,预测可能出现的情境意识降低以及提高操作者的作业绩效[8],从而能够极大地降低装备设计成本。此外,在典型航空任务环境中,个体情境意识模型既可以独立存在,也可以拓展后进一步应用于由飞行机组、空中交通管制人员等组成的团队情境意识和由飞行仪表显示、自动驾驶等组成的系统情境意识的评估过程[2,9],因此开展个体情境意识模型研究具有重要的基础性意义。

2.1 飞行员情境意识典型概念模型

2.1.1 情境意识三层次模型

早期的情境意识模型研究主要集中于对情境意识的形成过程及认知机理的剖析,并在此基础上建立情境意识概念模型。Endsley 的三层次模型在已有文献中获得了极大关注,该模型将情境意识描述为形成感知、进行决策和执行行为这整个信息加工链中的一环。根据该模型,情境意识的获取和维持受到包括个体因素(如经验、训练和工作负荷等)、任务因素(如时间压力、任务复杂性)和系统因素(如界面设计)等不同因素的影响。这些影响因素可归纳为外部因素和内部因素两类,其中外部因素包括设备的界面设计、复杂程度、自动化水平、工作负荷等,内部因素包括操作者注意力、记忆、经验等[1,5]。

　　Endsley 将情境意识描述为内在认知结果,其对情境意识的解释集中在个体为信息的被动接受者以及情境意识的三个层次水平,见图 2.1。第一层次情境意识(SA1)为状态感知,包括周围环境属性和任务相关动态元素。在该层次,相关情境成分(situation element,SE)仅被感知而并没有发生进一步的数据加工。第二层次情境意识(SA2)包括对 SA1 数据的解释,表达了个体理解它们与任务和目标之间的关联性。在 SA2 的获取过程中,决策者需形成对外部环境的整体图式,以用于理解对象和事件的综合性意义。情境意识第三层次(SA3)包括对环境中系统和信息成分未来状态的预测。结合 SA1 和 SA2 获取的信息,通过与已存在的相关知识或心智模型(mental model)的经验进行对比,个体能够预测当前情境下的未来状态。

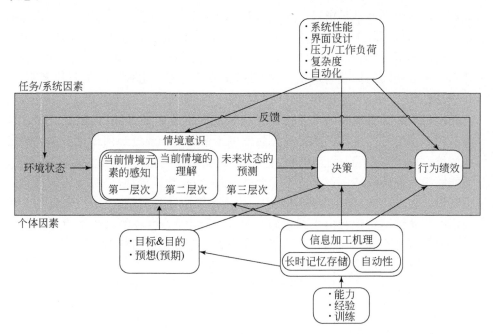

图 2.1　情境意识三层次模型

三层次模型包括逐级上升的三个情境意识层次。一般认为前一层次为后一层次的必要非充分条件。该模型的一个关键假设在于心智模型对于情境意识形成和维持的重要作用。Endsley 认为环境中的特征被映射到操作员的心智模型中，然后这些模型被用来促进情境意识的形成。这些模型进而通过对环境中关键信息成分的感知（SA1）来促进情境意识的形成，并通过综合多个情境成分来支持对其意义的理解（SA2）以及产生对未来可能状态和事件的预测（SA3）[1,5]。在该模型中注意与工作记忆是制约操作者获取、解释环境信息以形成情境意识的关键因素，而操作者的心智模型和目标指向行为则是克服这两项制约因素的重要机制。在获取情境意识的过程中，自上而下与自下而上的信息加工不断协调作用。因此，不同于长时记忆中存储的静态知识，情境意识与动态、不断演化的任务情境有关，而相应地，对于情境意识的测量也应强调环境中动态变化过程中的元素。

2.1.2　知觉环模型

知觉环模型提供了一个更为整体的角度，将情境意识表述为知识创造和行为感知的生成过程。如图 2.2(a)所示，知觉环主要从对象、图式和探索三个部分来解释情境意识。其中图式可指引探索，探索可从对象中进行取样，而对象又将调整图式。进一步，Smith 等又在模型的中心增加了一个常量成分，将三个部分行为联结起来，产生"胜任"行为，而情境意识也最终由此常量成分来进行定义。知觉环模型指出，个体与外部世界的交互（定义为探索）受到内部图式的指引。交互的结果修正了原始的图式，也指引了未来的探索。获取和维持情境意识应当以内在心智模型为中心，也包括特殊情境的信息。心智模型可以促进对情境事件的期望，指引个体对环境中线索的注意力并指引最终的行动过程[5]。

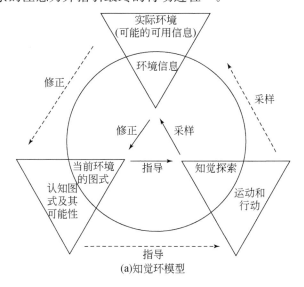

(a)知觉环模型

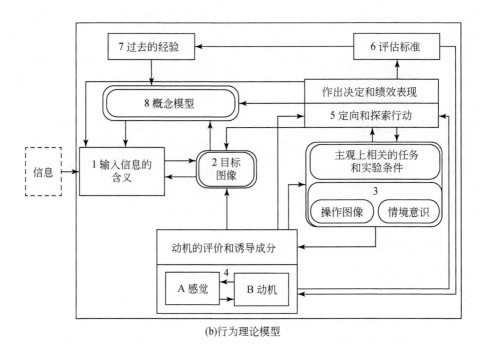

(b)行为理论模型

图 2.2　情境意识知觉环模型和行为理论模型

2.1.3　行动理论模型

Bedny 和 Meister 采用行动方法描述情境意识,并将情境意识概括为与人行为相关的不同认知过程。该模型中行动包括原始层、定向层和评估层。原始层为当前情境形成的内在表征;定向层包括面向预期目标进行决策和执行行为的过程;最后评估层通过信息反馈进行情境评估,同时反向影响原始层和定向层。如图 2.2(b)所示,每个功能模块都在情境意识的形成和维持中起到关键作用,这些功能模块通过自我定向来达成情境意识。信息的解释(功能模块 1)受个体目标(功能模块 2)、当前情境的概念模型(功能模块 8)以及过去经验(功能模块 7)的影响。这些解释修正了个体目标、经验以及当前情境的概念模型。然后,根据其对任务目标的意义和个人对任务目标的动机(功能模块 4),确定关键的环境特征(功能模块 3),从而指导人与“世界”的交互(功能模块 5)。个体完成任务目标的过程受到个人目标的范围(功能模块 2)及对当前情境的评估(功能模块 6)影响。过去的经验源自个体与环境的交互,并储存为经验(功能模块 7),输入个体的概念模型(功能模块 8)。根据这个模型,涉及情境意识获取过程的核心进程是概念模型(功能模块 8)、图像-目标(功能模块 2)以及主观相关任务状态(功能模块 3)[5]。

上述三个情境意识模型各有特点,情境意识三层次理论模型强调了情境意识是情境认知的结果,并给予外界动态环境一定的考虑,但其对于人与环境间的互动、环境中不同个体间的互动关注程度略显不足。知觉环模型侧重于描述操作者与环境之间的交互行为,强调两者之间有机协调的作用机制。行动理论模型则着重于操作者情感知产生的心理反映,特别涉及对当前情境理解的心智模型问题[5]。

2.1.4　多级触发模型

2003 年,刘伟建立了情境认知(situation cognitive,SC)的多级触发模型[10],该模型强调了各情境意识层次之间的递进触发关系,并指出情境认知不仅包括情境意识所包含的内容,还包括决策以及动作执行等。只有当前一层次的认知活动达到一定的阈值,才能进入下一层次。具体而言,当环境信息超过一定阈值时才能获得注意从而被操作员所感知并进行信息过滤;过滤后的信息超过一定阈值,才能达成对情境中该元素的理解,然后通过自上而下通道的模式匹配和自下而上的短时记忆进行信息加工;当信息加工量超过一定阈值后,才能实现相关的情境预测,并进一步指导操作员进行决策并输出行为。

2.1.5　其他情境意识模型

其他众多研究者也对情境意识的概念模型进行了一定的积极探索,比较典型的有 Stanton 等提出了分布式情境意识(distributed situation awareness,DSA)理论[11]。DSA 主张系统导向的情境意识研究,并提出应从系统层面而不是个体层面探究情境意识,指出系统应是一个完整的个体与除自身以外所有外部环境信息间互动的过程。DSA 指出研究目标系统中的所有元素分散式地存在于系统之中,并且彼此间联系紧密,相互作用且同等重要。当然,其中也包含个体对外界信息的感知、理解和预测这样一个过程,只是 DSA 的观点认为,这只是整个情境意识系统中的一部分而不是全部。

分布式情境意识理论和情境意识三层次理论都认为情境意识涉及个体、环境以及个体与环境的交互三个层面的因素,但区别在于研究的出发点和落脚点有所不同。后者更加强调个体视角,而前者则侧重于人与技术系统的交互。2008 年,Salmon 对典型的个体情境意识模型进行了总结[5]。目前,随着 Stanton 等的分布式情境意识理论模型的提出,情境意识相关研究出现了从个体情境意识上升为系统情境意识的研究趋势[2]。

2.2　飞行员情境意识典型量化模型

在对情境意识定性分析模型及其影响因素的研究基础上,建立起情境意识的定量预测模型是应用研究的重要目标。相对于定性分析模型而言,定量模型是基于理论驱动的定量分析和计算实现,具有工效评价和事前预测能力。自情境意识的概念出现以来,对于情境意识建立量化计算模型一直是研究人员的关注点之一[6-8]。关于感知认知过程(与情境意识相关)的计算模型可以为减少航空运行中的飞行员失误提供支撑,这样的模型既可以独立存在,也可以作为一个模块嵌入更为完整的人绩效模型中。其价值一经验证,便可以在研制开发周期的早期阶段用来评估设计策略的有效性[9]。个体情境意识量化计算模型的提出可以用来评估和改进当前设计的情境意识,预测可能出现情境意识削弱的情形以及提高操作者的作业绩效[8]。此外,在典型航空任务环境中,个体情境意识模型在拓展后可被进一步应用于由飞行机组、空中交通管制人员等组成的团队情境意识和由飞行仪表显示、自动驾驶等组成的系统情境意识的评估过程中[2]。

2.2.1　任务绩效敏感度模型

1995 年,Entin 等提出了任务绩效敏感度模型(performance sensitivity model,PSM)[12]。该模型指出由情境意识不足带来的任务绩效减少值(D_p)与该情境下所有情境成分的认知准确性的降低(D_{s_1},D_{s_2},$\cdots$,D_{s_n})均相关,见式(2.1)。

$$D_p = f(e_1 D_{s_1} + e_2 D_{s_2} + \cdots + e_n D_{s_n}, t) \tag{2.1}$$

式(2.1)采用敏感系数 e_i 来表征第 i 个情境成分对于任务绩效的影响程度或重要度。敏感系数由任务本身决定,而与该情境中具体的操作者无关。并且,情境成分的重要度水平可能会随着任务的进展而变化。对于关键情境成分的知识来源于个体过去的经验及心智模型。研究发现,专家更能够分辨出复杂任务中哪些是关键的情境成分。

Entin 等进一步建立了动态情境模型 $S(t) = g(S(t-1), d(t-1), e(t))$,其中情境成分的当前值 $S(t)$ 与情境成分的前一时刻值 $S(t-1)$、操作者前一时刻采取的动作 $d(t-1)$ 以及不确定的随机误差 $e(t)$ 之间存在某种函数关系。个体可以通过直接观察和估计这两种方式获得情境成分的价值,即对于个体可以直接感知那些可观察到的情境成分;对于那些无法观察到的情境成分,个体必须结合当前情境中的心智模型、其他相关情境成分的观察以及这些情境成分的先前值(如果已知)来重建或估计价值。该模型认为可以将函数 g 视为个体心智模型的部分体现,即在没有外力的情况下情境成分如何相互关联以及它们如何随时间变化。例如,如果在特定时间无法观察到敌机的位置,则个体可以基于其对诸如该类型飞机的飞行速度、大气条件的风速以及该飞机在前一时刻的位置来进行推断。这种知识体现在个体对情境的动态心智模型中。估计当前值的准确性将取决于先前该情境成分估计值的准确性。从另一个角度而言,情境意识的不足可能是由于不可用的信息所导致的,这使得无法与其他信息相联系从而进行可靠的推断。因此,个体情境意识水平取决于其对关键情境成分的了解以及能够在多大程度上正确地感知或推断其价值。

2.2.2　注意-情境意识模型

2001 年以来，Wickens 等[13]、Mccarley 等[9] 提出了注意-情境意识（attention-situation awareness，A-SA）模型。2002 年，McCarley 等提出了 A-SA 模型的基本框架[9]。A-SA 模型的基本理论框架包括注意力模块和信念更新（belief-updating）模块。其中，注意力模块用于控制对环境中各事件和通道的注意资源分配，对应于情境意识第一个层次；信念更新模块（或称之为心理模块）用于理解或推断在当前环境下飞机现在和以后的状态，对应于情境意识第二和第三个层次。在动态系统中，理解和预测之间存在模糊的边界，因为对当前情境的理解通常对未来有直接的影响，两者对于任务均非常重要。注意力模块的基本要素来源于以突显性、努力、期望和价值为基础的 SEEV（saliency-effort-expectancy-value）注意力分配模型[14]，表述了注意视觉空间中某一区域的概率与突显性、期望、努力和价值这四个因素的线性加权关系：

$$P(A) = sS - efEF + (exEX + vV) \tag{2.2}$$

式中，大写的变量 S、EF、EX 和 V 分别表述突显性（salient）、努力（effort）、期望（expectancy）和价值（value），这 4 个变量的首字母定义了 SEEV 模型。小写的变量为操作者进行注意力分配时突显性、努力、期望和价值的权重。该模型表明动态环境中的注意力分配由自下而上注意力捕获的突显性事件驱动，受到注意转移所需的努力的抑制，也被环境中于特定位置看到的有价值的事件的期望而驱动。

信念更新模块则描述了情境意识的更新[9,15]。在给定时间间隔里，由情境成分所引发的信念变化由每个情境成分价值的加权平均值确定，其中一个给定情境成分的价值由该情境成分的注意力分配加权得到。信念更新通过不断地刷新和调整过程来捕获各种认知偏差，实现信息呈现顺序对信息整合的效应评估。例如，在给定的 1 秒间隔内，当情境意识响应新的情境成分进行更新之后，模型进入到下一个间隔。如果遇到更多的情境成分，仍根据上述过程再次更新情境意识。

在缺乏新情境成分输入的情况下，情境意识被假设为根据指数衰减函数进行下降。这种衰减反映了情境意识的维持是资源有限性的。如图 2.3 所示，E_1、E_2 等用来表示不同事件，C 和 V 分别表示信息相关性和信息价值。由于将注意力分配给新情境成分会破坏工作记忆中的预演（rehearsal），因此该模型假设情境意识在对不相关刺激（不提供形成情境意识的信息）的注意加工期间的衰减速率比缺乏需要刺激的注意期间的衰减速率更快[9]。

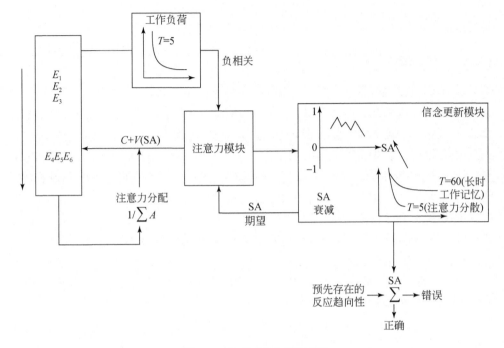

图 2.3　注意-情境意识模型

2005 年，Wickens 等对注意-情境意识模型框架及验证进行了梳理[15]。Wickens 总结后指出，McCarley 等提出的框架模型[9]尚未真正涉及验证，而是论证了模型假设的合理性。紧接着，Wickens 等开展了两次模型验证，第一次在使用合成视景显示系统(synthetic vision system,SVS)条件下，对飞行员的绩效进行了模拟分析。实验结合眼动测量技术，采用"平均飞行员"的建模思想来验证注意-情境意识模型。第二次选取 8 名飞行员在伊利诺伊大学飞行模拟平台上开展了飞行员绩效测量实验，通过统计验证思想的引入，确认了注意-情境意识模型的有效性。

注意-情境意识模型的核心是预测情境意识差错，其重点强调了与注意资源分配相关的差错以及注意资源分配在形成第一层次情境意识时所起到的关键作用，因为回顾情境意识相关飞行事故，情境意识差错与低效的感知和注意事件的发生密切相关。注意-情境意识模型不仅可以用来预测分析飞行员的视觉扫视行为，而且可以用来优化飞行员的扫视策略，以实现更高绩效的飞行任务。此外，A-SA 模型表述了脑力负荷、注意力分配与情境意识三者之间的关系，即脑力负荷水平决定了注意力分配的效率和方式；注意力分配水平的优劣是判断操作者情境意识水平高低的依据之一；通过操作者的情境意识而对未来态势发展所产生的感知，驱动了操作者对下一步注意力分配的期望。

2.2.3　显示格式与情境意识关系模型

2005 年,Wickens 针对航空界面设计提出了显示格式与情境意识关系模型(display formatting and situation awareness model,DFSAM)[16],用于预测具有何种特征的航空仪表界面有利于提高飞行员的情境意识水平。Wickens 等基于元分析法采用合并绩效单元(amalgamated performance unit,APU)对飞机驾驶舱显示界面的视觉编码进行了归一量化,并由此建立了情境意识模型。元分析法即根据统计显著性(p 值)和实际显著性(例如正确率和反应时的差异大小)来确定 APU 值。其中代表统计显著性的 p 值分为 3 个等级:$p < 0.05$、$0.05 < p < 0.1$ 以及 $p > 0.1$;实际显著性分为 2 个等级:小于每单位值的 10% 和大于每单位值的 10%。

DFSAM 模型从自下而上的信息加工通道出发,选取了 8 种设计元素,对 4 种显示界面(图 2.4)进行了情境意识预测,并与基于高仿真度综合视景界面的飞行模拟实验结果进行了相关性分析。预测结果与飞行跟踪误差、交通意识反应时间和准确率高度相关,从而验证了模型效度。但 DFSAM 模型也仍存在一定缺陷,如绩效等级的划分方法缺乏实验支撑、未考虑各视觉编码对显示界面重要性差异而进行简单的线性相加等。

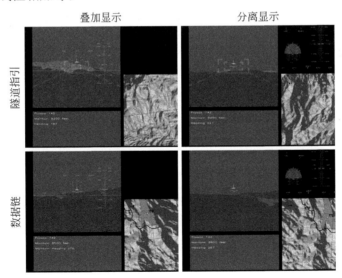

图 2.4　用于 DFSAM 验证的四种显示布置

2.2.4　基于 MIDAS 的情境意识模型

2011 年,Hooey 等提出了基于人机综合设计和分析系统(man-machine integration design and analysis system,MIDAS)的情境意识模型[17],简称基于

MIDAS 的情境意识模型。该模型将飞行员当前任务相关的情境划分为归属于"需要的"和"期望的"两类若干个情境成分,并赋予相应的权重。对于 t 时刻任务 i,实际认知状态(SA$_{actual}$)可计算为 m 个"需要的"情境成分和 n 个"期望的"情境成分分别乘以对应的感知水平 p 之和,见公式(2.3):

$$\mathrm{SA}_{actual}(t_i) = \Big(\sum_{r=1}^{m} 2 \times p_{irt} \Big)_{\mathrm{requiredSEs}} + \Big(\sum_{d=1}^{n} 1 \times p_{idt} \Big)_{\mathrm{desiredSEs}} \tag{2.3}$$

对于驾驶舱内的多个情境成分,如果某情境成分未被发现,则 p 设为 0;被发现则 p 设为 0.5;被理解则 p 设为 1。"需要的"情境成分权重设为 2,"期望的"情境成分权重设为 1。理想条件下,在任意时刻,作业人员能够理解任务中"需要的"情境成分和"期望的"情境成分。理想认知状态(SA$_{optimal}$)如式(2.4)所示:

$$\mathrm{SA}_{optimal}(t_i) = \Big(\sum_{r=1}^{m} 2 \times p_{irt} \Big)_{\mathrm{requiredSEs}} + \Big(\sum_{d=1}^{n} 1 \times p_{idt} \Big)_{\mathrm{desiredSEs}} \tag{2.4}$$

理想认知状态下,p 值(p_{idt} 和 p_{irt} 的值)一直等于 1,同样"需要的"情境成分权重设为 2,"期望的"情境成分权重设为 1。情境意识水平比例可表示为实际情境意识水平和理想情境意识水平的比值 $\mathrm{SA}_{ratio}(t_i) = \mathrm{SA}_{actual}(t_i) / \mathrm{SA}_{optimal}(t_i)$,该比值从 0 到 1 变化,反映了作业人员对情境的理解比例。

该研究采用飞行员开展高保真度飞行模拟实验,在三种不同任务水平下(航行、分离、导航)验证模型的效度。结果表明显示界面设计对于情境意识水平敏感。该模型对于情境意识的计算给出了一个新的视角,但仍有待进一步开展人在环的实验验证。

2.2.5 基于认知过程分析的情境意识模型

根据注意-情境意识模型框架,在形成情境意识的信息加工过程中,注意是制约飞行员获取、解释情境信息的关键因素[18]。2014 年,刘双等在注意-情境意识模型的理论架构下,结合 PSM 模型以及基于 MIDAS 的情境意识模型,通过引入条件概率的思想,提出了基于注意资源分配的情境意识计算模型[18]。该模型从注意角度分析量化了情境意识,并开展了飞行仪表显示条件下的情境意识水平预测。该模型的详细计算过程参见本章 2.3.1 节。同类模型还包括基于认知预期的情境意识预测模型[19]。该模型划分了未被感知、被感知但未被理解、被理解但未能预测、能预测这 4 种情境认知状态,对应的认知水平分别设为 0、0.4、0.8 和 1。但与前人研究类似[7,18],该模型仍未能解决认知状态参数设置的主观缺陷。

2014 年,刘双等进一步结合理性思维的自适应控制(adaptive control of thought-rational,ACT-R)认知理论,针对飞行员对情境成分的认知过程进行分析,提出了基于认知过程的情境意识模型[7]。该模型进一步建立了每个情境成分的认知状态与情境意识水平之间的关系,并对 SA1 到 SA2/SA3 的形成过程进行了分析并给出了量化方法,但仍存在 SA2 和 SA3 层次未进行明确区分的问题。对于基于认知过程的情境意识模型的详细计算过程参见本章 2.3.2 节。

2.3　飞行员情境意识建模研究案例

基于前人构建的情境意识概念和计算模型,研究人员进行了持续的探索,下面列举 3 个典型案例。案例 1 考虑了注意资源分配、情境成分重要度等因素对情境意识形成和维持的影响,并基于人信息加工模型和条件概率思想构建了基于注意资源分配的情境意识量化模型。在此基础上,案例 2 结合 ACT-R 认知理论解析了飞行员三层次情境意识递进触发的形成过程,进一步实现了驾驶舱显示界面设计因素及任务因素对飞行员情境意识影响机制的量化表征,增强了评估模型对飞行员认知与行为能力的解释性。案例 3 在 ACTR-QN 框架下提出了考虑 5 种认知过程状态的 SADC 模型,可用于描述飞行环境中操作者情境意识的动态生成和更新过程。上述情境意识模型的提出有望在驾驶舱显示界面和飞行任务的设计优化中作为情境意识定量表征的辅助分析工具。

2.3.1　基于注意资源分配的情境意识模型研究案例

在形成情境意识的信息加工过程中,注意是制约飞行员获取、解释情境信息的关键因素。在复杂多变的飞机座舱显示界面中,大量的视觉信息同时竞争有限的注意资源,飞行员如何分配注意资源决定了哪些信息进入信息加工,从而形成情境意识。座舱界面的信息显示方式、飞行员的扫视模式、信息采样策略等因素,都会对其在获取信息过程中的注意资源分配产生重要影响。因此研究飞行员注意资源分配与情境意识之间的联系,可为飞机座舱人机界面的优化设计提供科学依据,从而提高飞行绩效和飞行安全。本节案例从信息加工的两条通路出发,结合人的认知特性并考虑信息成分的重要度对情境意识的影响,运用贝叶斯条件概率理论建立了基于注意资源分配的情境意识量化模型。为了探讨基于注意资源分配的情境意识量化模型的可用性,进一步构建了界面模型并采用眼动测量等多种方法进行模型验证。

1. 基于注意资源分配的情境意识建模

在某一操作环境中,与飞行员当前任务相关的情境可分为 n 个情境成分,每个情境成分都是对操作者高水平完成任务有着重要影响的信息成分。Hooey 等在 MIDAS 中将情境中情境成分的性质划分为需要类(required, R)和期望类(decided, D)。对于 j 任务及 t 时刻,假设 n 个信息成分中有 m 个情境成分属于需

要类,有 $n-m$ 个属于期望类,则 SA 可用下式来计算[17]:

$$SA = SA_a(t_j) / SA_o(t_j) = \left[\left(\sum_{i=1}^{m} 2 \times P_i \right)_R + \left(\sum_{i=m+1}^{n} 1 \times P_i \right)_D \right] \Big/$$

$$\left[\left(\sum_{i=1}^{m} 2 \times P_i \right)_R + \left(\sum_{i=m+1}^{n} 1 \times P_i \right)_D \right] \tag{2.5}$$

式中,SA_a 表示实际的认知状态;SA_o 表示理想的认知状态;P_i 表示飞行员对信息成分 i 的认知状态,并可被划分为三个认知水平:未被感知、感知和理解,对应的取值分别为 0、0.5 和 1。考虑理想的认知状态时($P_i=1$),式(2.5)可被进一步改写为 $SA=(x_1 P_1+\cdots+x_m P_m)_R+(x_{m+1} P_{m+1}+\cdots+x_n P_n)_D$,其中 x_i 表示与两种性质的情境成分数目及情境成分 i 权值相关的系数。

由于情境中所有的情境成分并不是同等重要,并且同一情境成分的重要度也将随时间的推移而改变,因此当飞行员尝试维持一个较高水平的 SA 时,并不是在任何时刻对情境中所有情境成分进行表征,而是对影响当前任务绩效较大的重要情境成分有较高的认知水平[12]。因此本研究采用 Entin 等所提出的 PSM 中的敏感系数 e_i 来反映情境成分 i 对 SA 的影响程度,以避免对情境成分所属性质进行归类。e_i 同时反映了情境成分 i 在当前任务中的重要隶属度,即 $e_i=u_i$,其取值由任务本身决定并随着任务阶段的变化而变化。则每一个情境成分的认知状态与 SA 水平之间的关系可表示为

$$SA(t_j) = e_1 P_1 + e_2 P_2 + \cdots + e_n P_n = \sum_{i=1}^{n} u_i P_i \tag{2.6}$$

假设这 n 个情境成分获得的注意资源为

$$A = (A_1, A_2, \cdots, A_i, \cdots, A_n) \tag{2.7}$$

这些情境成分经过视觉系统捕捉并由神经系统传递给大脑进行加工。则情境成分 i 所获得的视觉注意资源 A_i 可表示为 $A_i = \beta_i V_i \, Sa_i E_i^{-1}$。对于情境成分 i,β_i 为出现的概率,V_i 为重要度,Sa_i 为突显性,E_i 为需要付出的努力。

这里 $V_i = \partial_i u_i$,∂_i 是情境成分 i 潜在认知状态产生的概率,u_i 是情境成分 i 重要隶属度。该式反应了人对信息重要隶属度的主观认知存在一定的模糊性,可通过模糊熵 h_i 来体现作业人员对情境成分 i 认知的心理活动:

$$h_i = -u_i \ln u_i - (1-u_i) \ln(1-u_i) \tag{2.8}$$

$$\partial_i = \exp h_i \Big/ \sum_{i=1}^{n} \exp h_i, \quad i=1,2,\cdots,n \tag{2.9}$$

则分配到第 i 个信息的注意资源占总注意资源的比例可表示为[20]

$$f_i = A_i \Big/ \sum_{i=1}^{n} A_i \tag{2.10}$$

飞行员的注意机制具有随机性,各信息在一次扫视过程中能否被正确评价存

在一定的概率,即使是最重要的信息也可能在一次扫视过程中被忽视而无法触发注意机制[21]。而当注意行为产生后,飞行员对所注意的信息形成感知,可认为满足 Endsley 的 SA1 要求,随后通过心智模型的转换作用实现对情境信息的理解和预测[8]。由于操作者通过心智模型获取情境意识的机制受飞行员个人能力水平的影响较大,其心智模型的转换过程存在一定程度的不确定性,则将外部现实情境信息映射到内部心智模型或基于该心智模型形成情境意识的过程中存在一定的随机性[1]。因此,基于心智模型机制对感知的信息所转换的结果可能是被理解,也可能是不被理解。

若某一时刻飞行员对情境成分 i 产生注意的行为记为事件 a_i,则 a_i 发生的概率可等价为此时情境成分 i 可能获得的注意资源分配比例[8],则 $p(a_i)=f_i$。由于 SA1 的达成是获得 SA2 的前提条件,因此在事件 a_i 发生的前提下,设情境成分 i 不被理解的事件 b_i 发生概率为 k_i,即 $p(b_i/a_i)=k_i$;情境成分 i 被理解的事件 c_i 发生概率为 $1-k_i$,即 $p(c_i/a_i)=1-k_i$,则 $p(b_i)=p(a_i)p(b_i/a_i)=k_if_i$,$p(c_i)=p(a_i)p(c_i/a_i)=(1-k_i)f_i$。由贝叶斯条件概率公式可获得对情境成分 i 认知水平的期望值为

$$\overline{P_i}=p(b_i)\times0.5+p(c_i)\times1+(1-p(a_i))\times0 \tag{2.11}$$

则 t 时刻,飞行员注意资源分配与 SA 的关系为 $SA(t_i)=u_1\overline{p_1}+u_2\overline{p_2}+\cdots+u_n\overline{p_n}$,即

$$SA(t_i)=\left(\sum_{i=1}^{n}(1-0.5k_i)u_iA_i\right)\Big/\sum_{i=1}^{n}A_i \tag{2.12}$$

式中 k_i 反映了飞行员通过心智模型对所注意到的信息转换得到的个人能力水平。理想状态下 $k_1=k_2=\cdots=k_n=0$,表示此时所有注意到的信息都能完全被理解。由于在复杂操作环境中注意资源有限,当某些情境成分获得较多的注意资源时,则会造成对该情境成分 SA 水平的提高,同时也意味着对其他情境成分 SA 水平的降低[1]。由模型可知,某一时刻当情境中情境成分大于 1 时($n>1$),每个情境成分获得注意的概率都小于 1($f_i<1$),此时即使心智模型取理想状态时,基于注意资源分配的 SA 水平也小于 1。

2. 实验方法

1) 仿真模型设计

为验证所提出的基于注意资源分配的情境意识模型在航空飞行中的效度,实验选用仪表监视任务,界面模型以波音 787 典型机型的显示界面为模板,依据研究需要进行适当的简化和抽象,应用专业仪表仿真软件 GL Studio 快速构建并绘制,并基于软件平台实现仪表监视任务及操作反应记录,如表 2.1 的实验界面模型所示。实验界面模型呈现在 17in(1in=2.54cm)的 IBM 显示器上,分辨率采用

$1280×1024$,显示器的平均亮度设定为 $120cd/m^2$,实验环境的平均照度设定为 $600lx$,被试通过键盘进行人机交互。实验采用瑞典非接触式红外眼动仪 Smarteye 来记录被试的眼动情况,该设备采用外置红外摄像头,可固定在实验显示器两侧,实现对被试在完全自然状态下的眼动追踪。

2)被试

实验被试为 20 名北京航空航天大学在校研究生(男 18,女 2),具有航空知识背景,年龄在 22～28 岁之间($M=23.95$ 岁,$SD=1.61$ 岁),视力或矫正视力在 1.0以上,无色盲色弱,右利手,实验前对实验内容均知情同意。

3)实验设计

本研究采用双因素完全被试内设计:因素 1 为信息重要度,通过设定不同飞行任务中各情境成分的重要隶属度来控制;因素 2 为超规概率,通过设定情境成分被提问考察的概率来控制,如表 2.1 所示。为模拟现实作业中飞行员对各飞行信息的潜在认知状况,实验按照一定比例将各信息重要度转化为被试容易理解感受的得分值[20,21]。采用拉丁方设计平衡疲劳和练习效应。本研究依据注意资源分配的最佳有效信息个数,选取滚转角、空速、气压高度及航向角这 4 个信息作为监视对象[21],并依据不同飞行任务和飞行阶段对信息需求的优先级差异,设定了上升和航行两种飞行阶段下各信息的重要隶属度。

表 2.1　不同实验条件下情境成分的重要隶属度及超规概率

因素	水平	情境成分				实验界面模型
		滚转角	空速	气压高度	航向角	
重要隶属度	1	0.9	0.63	0.36	0.09	
	2	0.09	0.36	0.63	0.9	
超规概率	1	0.5	0.3	0.1	0.1	
	2	0.1	0.1	0.3	0.5	

4)实验步骤

实验前要求所有被试对各情境成分的得分值及被提问考察的概率做到非常熟悉,从而能够在正式实验开始后,根据不同的任务条件对各项情境成分合理分配注意资源以达到总分值最高。每个任务条件下实验随机呈现共计 40 个问题,均以选择题形式对情境成分当前值的所属范围进行提问,以考察被试对当前情境下情境成分的认知状态。监视过程中,随机呈现的问题界面完全遮盖监视仪表界面,被试通过按键进行作答。若不清楚答案可以选择放弃作答继续后续实验,回答问题正确获得相应加分,回答错误或者放弃作答均不得分。实验结束后,实验界面立即呈现 3-D SART 自我测评表,被试根据实验过程中的真实感受完成对注意资源需求量、注意资源供应量以及对实验情境的理解程度进行三维度的自我测评。每个被试需要完成 2 种信息重要隶属度以及 2 种超规概率的共计 4 组实验。实验过程中,眼动仪处于实时追踪状态。

3. 实验结果及分析

1) 模型理论值及实验值

对于实验界面模型中所监视的 4 个情境成分,分别计算其努力和突显性的属性值,如表 2.2 所示。其中,努力的属性值是通过各情境成分间的相对距离来衡量,测量各个信息间距并进行归一化处理。而突显性 Sa_i 的属性值可由情境成分 i 的颜色匹配 c_i、仪表尺寸 s_i、仪表类型 t_i 三者加权平均来表示[20],$Sa_i = (c_i + s_i + t_i)/3$。其中,颜色匹配参照显示字符配色的视认度对各显示信息的颜色匹配属性值进行设定[22];不同显示器方式的数据认读效果对仪表种类属性进行设定[22],反应了不同仪表类型进行数据判读任务时的难易程度差异;另外,仪表尺寸属性值的设定参照实验界面模型中各情境成分的仪表面积;基于上述分析,分别来设定各情境成分的显示属性,结果见表 2.2。

表 2.2 各情境成分的显示属性

显示属性	滚转角	空速	高度	航向角
颜色匹配	0.24	0.25	0.25	0.25
仪表尺寸	0.66	0.10	0.09	0.16
仪表类型	0.22	0.33	0.33	0.11
突显性	0.37	0.23	0.22	0.17
努力	0.22	0.25	0.26	0.27

表 2.3 所示为通过式(2.5)～(2.12)计算所得四个实验任务条件下的情境意识理论值及实验所采用的各种方法测得的统计结果。图 2.5(a)所示为某个被试在四种实验任务条件下注视点分配比例。可见被试对四个情境成分间的注视点分配比例在任务 1 时差距最大而在任务 3 时差距最小。图 2.5(b)、(c)所示为该被试在任务 1 及任务 3 条件下的注视热点图,注视时间由长到短依次表示为红色、黄色、绿色。可见任务 1 时注视点分布较为集中即注意范围较小,而任务 3 时注视点分布较分散即注意范围较广。

表 2.3　理论预测 SA 及各实验方法测得的各项指标

信息重要度	超规概率	任务	理论预测SA	SAGAT 正确率		3-D SART 主观得分		任务绩效法 操作任务得分		生理测量法 瞳孔直径/mm		眨眼频率/(次/s)	
				M	SD	M	SD	M	SD	M	SD	M	SD
1	1	1	0.41	0.89	0.09	73.09	17.43	90.59	8.52	3.74	0.37	0.36	0.27
	2	2	0.23	0.86	0.08	69.55	16.77	84.69	10.74	3.94	0.40	0.32	0.28
2	1	3	0.20	0.82	0.13	67.16	18.05	81.17	11.14	3.95	0.40	0.28	0.21
	2	4	0.37	0.88	0.13	74.53	19.38	87.46	16.33	3.83	0.46	0.31	0.24

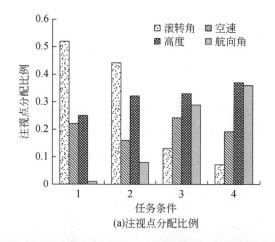

(a)注视点分配比例

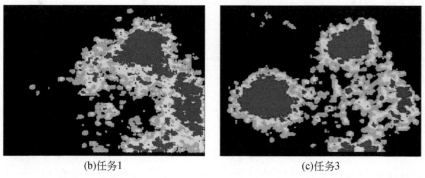

(b)任务1　　　　　　　　　　　　　(c)任务3

图 2.5　不同任务条件各情境成分的注视点分配比例及典型任务(1 和 3)注视热点图

2) 相关性分析

采用 Wickens 在文献中所运用的模型验证方法,对基于注意资源分配的 SA

模型理论预测值与实验所采用各种方法的测量结果分别进行相关性分析[16]。SAGAT、3-D SART、任务绩效法、生理测量法的瞳孔直径和眨眼频率与 SA 理论预测值的相关度分别为:$r=0.91$;$r=0.92$;$r=0.94$;$r=-0.97$;$r=0.81$。四种实验任务条件下模型所得 SA 理论预测值与实验测量各项指标值如图 2.6 所示。由图可见 SA 理论预测值与 SAGAT 测得正确率、3-D SART 测得主观评分、操作任务得分和眨眼频率的变化趋势基本一致,与瞳孔直径的变化趋势相反。

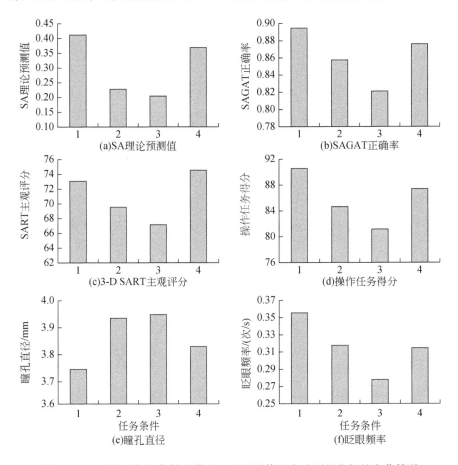

图 2.6　四种实验任务条件下模型理论预测值及实验测量指标的变化情况

4. 讨论分析与结论

本研究采用了四种方法对不同实验任务条件下的情境意识进行考察。其中,SAGAT 是在实验任务进行时,某些随机时刻任务被冻结,同时显示界面所有信息被清除并出现与实验情境相关的问题,由于本研究所考虑对信息认知状态未涉及

SA3,因此问题均以考察操作者的 SA2 提出。3-D SART 是在实验结束后操作者立刻从三维度对自己完成实验的感受进行评定,由"情境意识=情境的理解程度-(注意资源需求量-注意资源的供应量)"这一关系模型出发主观评估情境意识水平。操作绩效方法是被试在实验中通过分配注意资源有选择地关注情境成分,获得任务得分。需要注意的是,SAGAT 测量的是对当前所有情境成分理解的正确率,而操作绩效测量的是注意资源分配策略下的任务得分,较高的任务得分并不代表较高的正确率。目前运用生理测量方法对情境意识进行研究还较为有限,最关键的问题是尚不清楚生理测量能否直接触及包含情境意识的高等级认知过程,但可以选取一些生理指标对操作者的情境意识进行探索性研究。由于本研究旨在探讨注意资源分配与 SA1 及 SA2 的联系,暂时未考虑情境意识的高层次(SA3),因此选用眼动指标进行分析具有一定的价值。

不同实验任务条件下,各情境成分的重要度及超规概率不同,被试对各情境成分的关注程度不同,则视觉注意范围不同。而视觉注意范围和实验任务难度有着一定的关系,被试感觉任务困难可能是因为注意机制限制了其对更多信息的获取。当情境任务难度增大时,被试需要知觉与加工的信息也随之增加,注意资源的需求增大,视觉负荷加大,难以进行良好的注意资源分配。信息被知觉后存储在工作记忆中,当视觉负荷加大时,被试的空间工作记忆因此很容易出现过载,从而会影响被试对情境中元素的知觉和理解,因而不利于被试维持更高的情境意识水平。由图 2.5 可以看出任务 3 条件下被试关注的信息量大于任务 1,注意范围更大且注意资源分配给较多的信息,对被试而言不同的任务条件反映了不同的任务难度,任务 3 的任务难度大于任务 1,因而表现出任务 3 比任务 1 条件下的 SA 水平低。

由图 2.6(a)~(f)可以看出,四种任务下理论模型所预测的情境意识理论值与实验各项测量值均达到高度相关($|r|>0.8$),从而验证了该模型的有效性,同时反映了随着任务难度的增加,情境意识水平下降。其中,对 3-D SART 而言,任务 4 条件下主观分值过高而降低了实验结果及模型预测值的相关度,其原因可能由于被试主观评定过程中受实验表现的影响,过高或过低评估了三维度的实验感受。

对比相关性分析结果可以看出,瞳孔直径与理论预测值相关性最高。由于瞳孔直径是测量视觉监视负荷的敏感指标,当任务难度增大时,注意资源分配策略趋于复杂,视觉信息加工负荷变大,被试为更好地完成任务而更努力监视情境成分,因而表现出瞳孔直径增大。同时由于需要感知和理解的信息量增加,被试所感受的注意资源供给量以及对情境的理解程度下降,则造成情境意识水平降低,这与相关研究结论一致。此外,眨眼频率与情境意识理论预测值表现出正相关。眨眼可以反映大脑的思维活动,而眨眼频率与视觉负荷相关。当任务难度增加时,注意资源分配策略带来的视觉负荷增加,造成情境意识水平降低,同时被试为更好地完成任务而努力集中精力更大程度获取视觉信息,这时表现出眨眼次数减少,眨眼率减小,即从低视觉负荷到高视觉负荷时眨眼率减小,这与相关结论一致。

目前,本研究仅考虑了注意资源分配与 SA1 及 SA2 的联系,此外,基于心智模型对所注意的信息进行转换而产生理解的个人能力仅考虑了最佳理想状态,后期还将对其复杂性及不确定性做进一步探讨。本研究综合考虑了人的注意资源分配与情境意识的联系,以及当前任务中情境成分重要度对情境意识的影响,从认知心理学角度出发并应用条件概率理论建立了基于注意资源分配的情境意识量化模型。该模型可用于预测飞行员在复杂多变的任务中情境意识水平的变化情况,从而可为人机界面的优化设计及减少人的失误的研究提供一定的依据。

2.3.2　基于认知过程分析的情境意识模型研究案例

本节研究案例采用理性思维自适应控制认知理论分析飞行员对情境要素的认知过程,解释情境意识的形成过程,以评估飞行员在不同显示界面和任务条件下的情境意识水平。在不同实验条件下的模拟飞行仪表监视任务对模型开展了实验验证,实验中综合采用了 SAGAT、操作绩效测量、眼动测量和 10 维情境意识主观评估技术(10-dimensional situation awareness rating technique,10-D SART),以评估实验被试的情境意识。实验结果表明,基于认知过程分析的情境意识模型的理论评估值与实验中情境意识的客观行为类测量指标,即操作绩效、SAGAT 响应行为和眼动行为,具有较好的相关性和一致性。

1. 基于认知过程分析的情境意识建模

1)认知过程分析

在情境意识三层次模型和 A-SA 模型基础上,利用 ACT-R 理论对飞行员对情境成分的认知过程进行分析,进而可以解释 SA 的形成过程,如图 2.7 所示。

飞行员通过视觉模块对情境成分进行选择性注意,对当前各种信息进行过滤而选择一部分信息经过感觉登记而进入短时记忆。缓冲器通过视觉模块获取情境信息,并访问描述性记忆模块提取对应的描述性知识,当提取的激活量达到一定阈值后形成感知,这一过程对应 A-SA 模型中的注意模块功能,并达到 Endsley 所定义的 SA1 状态。

缓冲器的内容反应 ACT-R 的目前状态,程序性知识中的"如果"方面与哪些缓冲器内容相匹配,模式匹配即决定启动哪个产生式或者采用"那么"的行动。认知过程实质就是生成规则的不断触发,ACT-R 中信息加工的基本方式即触发,对某一事实的认知不仅需要大量与该事实相关的描述性知识,还需要能够运用大量决定这些知识如何运用的程序性知识。在 ACT-R 认知模型中,对某一事实的认知状态达到理解和预测的区分是模糊的,规则匹配触发可能产生对事实当前状态的理解(SA2),也可能产生对事实未来状态的理解(SA3)。基于上述分析,本研究

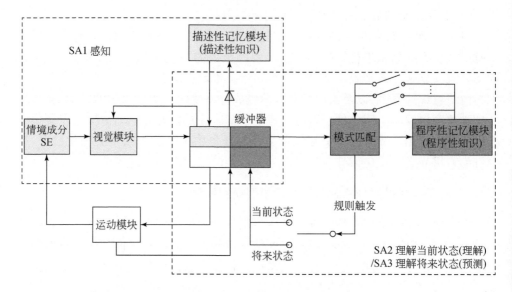

图 2.7　基于 ACT-R 认知理论的 SA 形成过程

构建了基于认知过程分析的情境意识形成过程,如图 2.8 所示。

2) 情境意识建模

在基于注意资源分配的情境意识模型[18]的基础上,本部分进一步开展了基于认知过程分析的情境意识计算模型构建。在式(2.7)~(2.10)的基础上,选择注意情境成分 i 的事件 a_i 发生后,缓冲模块访问视觉模块读取情境信息,然后访问描述性记忆模块提取相关的描述性知识并对情境成分 i 产生认知激活,情境成分 i 的认知激活量 AC_i 是由基准激活量 AC_{0i} 和相关激活量之和 $\sum_j W_j S_{ji}$ 来表示,即 $AC_i = AC_{0i} + \sum_j^n W_j S_{ji}$,其中 $AC_{0i} = \ln(\sum_{h=1}^H t_h^{-d})$,$S_{ji} = S - \ln(\text{fan}_j)$。$AC_{0i}$ 表示基准激活量,体现了情境成分 i 认知的事实分别在 $t_1, t_2, \cdots, t_n$ 小时之前发生过,总计 n 次,随着次数的增加,基准激活量增加。而随着时间延长这些增量则会减小,由负指数幂函数 t_j^{-d} 表示,一般取 $d = 0.5$。当激活量 AC_i 达到一定阈值 τ 时(通常设定 $\tau = 1.0$),则成功提取了相关的描述性知识,从而对该情境成分形成感知,记感知行为发生事件为 b_i。由于感知行为发生是以注意行为发生为前提条件,因此可得 $p(b_i \mid a_i) = \dfrac{1}{1 + e^{-(AC_i - \tau)/s}}$。重复次数的累加和时间因素的衰减最后用对数函数的形式表现出来。按照 ACT-R 理论,基准激活量 AC_{0i} 是影响学习的重要因素,若想要增加基准激活量就需要不断进行新近的练习。当情境成分 i 的认知事实之前出现 t 次时,基本激活水平也可以表示为 $AC_{0i} \approx c + 0.5 \ln t$,通常可令 $c = 0$。

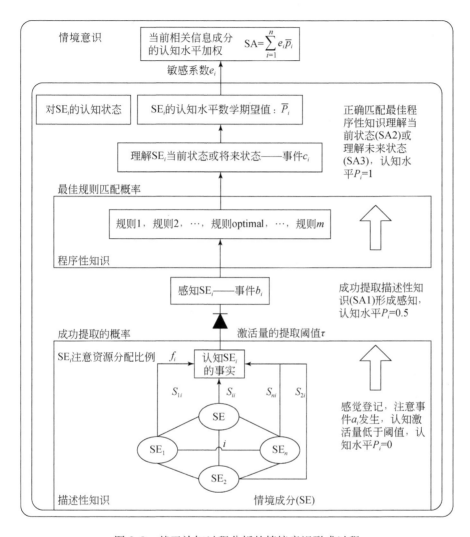

图 2.8　基于认知过程分析的情境意识形成过程

$\sum_{j} W_j S_{ji}$ 表示相关激活量,体现了认知情境成分 i 的事实与当前情境之间的关联性。其中 S_{ji} 表示认知情境成分 i 的事实与情境中其他成分 j 的相关性强度;W_j 表示当前认知目标下相关情境成分 j 的注意权重,可等价为各情境成分可能获得的注意资源比例,$W_j = f_j$。fan_j 表示与 j 相关的事实数目,在许多应用中,都设定 $S=2$。如果与相关情境成分 j 有关的事实数量越多,那么当前认知信息 i 的事实与情境成分 j 的相关强度越小。s 反映了激活水平上存在的误差噪声,通常设定 $s=0.4$。

在 ACT-R 理论中,任何时刻都可能对应有多条程序性规则进行匹配,但是当程序性规则执行时,只有一条与认知情境成分 i 事实所对应的、具有最高可用性 U_i 的规则可以被选择。缓冲器成功提取描述性知识后,若认知机制成功匹配最佳的程序性知识,则形成对该情境成分的充分理解,记该事件为 c_i。若程序性知识的最佳规则"如果-那么"成功匹配,由当前最佳规则本身的内容和特点所决定,可能形成的是对当前状态的理解,也可能是对将来状态的理解,因此 c_i 发生时有可能是达到 Endsley 所定义的 SA2(理解),也可能是达到 SA3(预测)。

最佳规则的成功匹配可能形成对当前的理解,则达到 SA2;也可能形成对将来状态的理解,则达到 SA3。因此在本研究中,无论是形成 SA2 还是 SA3 都认为属于理解范畴,区别在于最佳规则本身的内容组成。由于高层次 SA 的形成是基于低层次 SA 成功获取,因此对当前情境成分形成理解,无论达成 SA2 还是 SA3,都是以感知该成分的事件发生为前提条件,则可得

$$p(c_i/b_i) = \mathrm{e}^{U_i/\theta} \Big/ \sum_l^m \mathrm{e}^{U_l/\theta} \tag{2.13}$$

与 SE_i 认知事实最佳匹配的程序性规则 i 的可用性为 $U_i = Q_i G - C_i$。其中,Q_i 为最佳匹配的规则被成功激活的概率;C_i 为该最佳匹配规则被激活并实现理解带来的代价;G 为实现理解该情境成分 i 带来的价值,则式(2.13)也可为

$$p(c_i/b_i) = 1 \Big/ \sum_l^m \mathrm{e}^{(\hat{Q}_l - \hat{Q}_i)\hat{G}/\theta - (\hat{C}_l - \hat{C}_i)/\theta} \tag{2.14}$$

式中,$\hat{Q}_i$ 为对应程序性知识最佳匹配的规则被选中的估计值 $\hat{Q}_i = (\lambda V + M_i)/(V + M_i + N)$,$\theta$ 为控制规则 i 可用性的误差,通常设定 $\theta = 0.5$。λ 为描述前验概率的参数,V 为前验概率的影响强度,M_i 为规则经验匹配成功的次数,N 为经验匹配失败的次数,通常设定 $\lambda = 0.5, V = 2, \hat{G}/\theta = 2.25$。

结合 ACT-R 及 SC 多级触发模型,可认为情境认知的过程是一种递进触发的方式,当对环境信息的认知状态达到一定的数量或质量时,才可能发生感知,而经过信息加工的过滤后,若认知的有效信息超过一定阈值,才可能能够实现理解或产生预测。因此,若对某一情境成分 i 的认知激活量未达到阈值之前产生感知,则认知水平 $P_i = 0$;若达到阈值水平之后产生感知,则认知水平 $P_i = 0.5$;若认知模型成功匹配最佳规则时,认知水平为 $P_i = 1.0$。假定某一时刻,飞行员对某一情境成分 i 的注意行为 a_i 发生,则进一步的认知情况可能发生以下几种现象:当认知激活量低于阈值,认知活动止步于感知之前,感知行为 b_i 未发生,则对情境成分 i 的认知水平 $P_i = 0$,该现象发生的概率为 $p(a_i \overline{b_i}) = p(a_i) p(\overline{b_i}/a_i)$;当认知激活量高于阈值,则成功提取描述性知识形成感知,感知行为 b_i 发生。此时对情境成分 i 的认知水平 $P_i = 0.5$,该现象发生的概率为 $p(a_i b_i) = p(a_i) p(b_i/a_i)$;当成功匹配最佳程序性知识规则,形成对当前状态或是将来状态的理解,事件行为 c_i 发生,该现象发

生的概率为 $p(a_ib_ic_i)=p(c_i/b_i)p(b_i/a_ib_i)p(a_i)$。

在具体的认知活动中,由于程序性知识的触发是连续的,因此认知宽度受到一定程度的制约;并且由于描述性知识库中与当前目标成分相关联的信息块较多,衍生的源激活量也较多,因此认知系统很难准确选择对应的描述性知识,可能发生用近似的信息块来取代主体所需要的信息块的情况,因而可能造成主体的认知错误。

基于前文所提出的概率论思想计算某一时刻情境成分 i 认知水平的数学期望值为

$$\overline{P_i}=p(a_ib_ic_i)\times 1+p(a_ib_i)\times 0.5+p(a_i\overline{b_i})\times 0 \tag{2.15}$$

$$\overline{P_i}=\left(\frac{e^{U_i/\theta}}{\sum\limits_l^m e^{U_l/\theta}}+0.5\right)\frac{f_i}{1+e^{-(AC_i-\tau)/s}} \tag{2.16}$$

若飞行员试图获取和保持较高水平的 SA,则应当对情境中容易影响当前任务绩效的关键情境成分有较高的认知水平,同时该情境成分的显示属性应当有利于 SA 的保持。因此,采用 e_i 表示情境成分 i 对当前 SA 的敏感系数,其取值不仅与当前任务中情境成分的重要度 u_i 相关,也与该情境成分的突显性 Sa_i 相关,可将每一个情境成分的认知状态与 SA 水平之间的关系表示为

$$SA(t_j)=e_1\overline{p_1}+e_2\overline{p_2}+\cdots+e_n\overline{p_n}=\sum_{i=1}^n\left(\frac{e^{U_i/\theta}}{\sum\limits_l^m e^{U_l/\theta}}+0.5\right)\frac{Sa_iu_if_i}{1+e^{-(AC_i-\tau)/s}}$$

$$\tag{2.17}$$

在本模型中针对 SA1、SA2 及 SA3 建模,主要考虑三层次 SA 在 ACT-R 认知过程中的形成过程和产生方式,由于 SA 是一个受多因素影响的概念,因此本模型计算的值也并不是一个绝对的真值,而是具有比较意义的值。若以飞机驾驶舱显示界面的监视任务为例,假设与操作任务相关的情境成分即为界面上的显示信息,则可通过上述计算模型对不同界面在不同实验条件下所支持的 SA 水平进行比较和分析。

2. 情境意识模型的实验验证

1) 实验设计

选取显示界面的监视任务,仿真界面模型分别参照目前商业飞机中的两种典型主飞行显示器(primary flight display,PFD)显示界面所设计,以 GL Studio 作为开发平台对仪表和控制面板进行图形建模,如图 2.9 所示,并利用 C++编程语言和网络通信技术,完成网络通信仪表系统的程序实现,在 Microsoft Visual Studio 集成编译环境下生成实验程序。仿真实验界面在 17in 的 IBM PC 显示器上呈现(分辨率:1280×1024;平均亮度:120cd/m²),被试通过鼠标完成实验操作。实验环境的平均照度设定为 600lx,实验采用非接触式红外眼动仪(瑞典 Smart-eye),实

现对被试完全自然状态下的眼动情况进行实时跟踪记录。

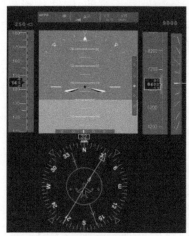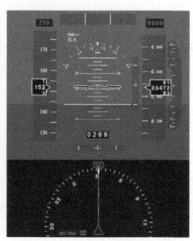

(a)仿真界面模型A　　　　　　　　　(b)仿真界面模型B

图 2.9　仿真界面模型设计

实验招募被试 28 名,年龄均在 22～28 岁之间($M=23.54$ 岁,$SD=0.99$ 岁),皆为具有航空知识背景的北京航空航天大学在校研究生(男 20,女 8),均为右利手,视力或矫正视力正常且无色盲色弱情况,实验开始前已对实验内容知情并同意。

被试需密切监视仪表界面,参照注意资源分配的最佳有效信息个数的相关研究,选取 PFD 仿真界面模型中的四个显示对象(姿态仪、空速表、高度表及航向表)作为实验任务的监视对象。实验采用双因素完全被试内设计,如表 2.4 所示,其中因素 1 为超规概率,即视觉信息需要被观察和提问的概率,选取 2 个水平,包括均匀分布和非均匀分布;因素 2 为仿真界面模型,选取 2 个水平,分别为参考典型机型 PFD 为模板抽象简化的两个界面模型,包括仿真界面模型 A 和仿真界面模型 B。实验进行被试内抵消实验条件设计,以消除实验顺序及疲劳可能造成的误差。

表 2.4　实验因素设计

因素	水平	视觉信息			
		滚转	空速	高度	航向
超规概率	1	0.25	0.25	0.25	0.25
	2	0.125	0.3125	0.375	0.1875
界面模型	1	仿真界面模型 A			
	2	仿真界面模型 B			

2）实验实施

实验前要求被试充分掌握各情境的重要隶属度（针对该信息问题回答正确获得的加分）及超规概率（该信息需要被观察及提问的概率）。实验过程中随机时刻冻结并呈现共计 32 个问题界面，分别针对不同情境成分围绕三层次进行提问，以考察被试对情境成分的认知状态。问题均以选择题的形式呈现，每个问题有 4 个选项，随机呈现的问题界面如图 2.10 所示，每一个情境成分可能有三种层次的问题考察被试对当前信息的认知情况。

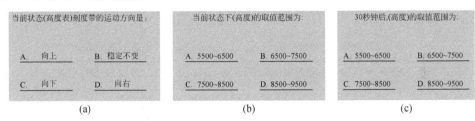

图 2.10　任务冻结界面问题

被试通过鼠标选择问题答案；若问题呈现后被试一直未做选择响应，则到限定时间后，系统默认被试回答错误，实验冻结解除以继续实验。实验进行中，被试回答问题正确则根据提问对象的重要隶属度获得相应加分，回答错误不得分，被试通过合理分配注意资源，以更好完成监视任务，获得更高的分数。实验结束后，被试完成 10-D SART 自我测评。

3）模型评估值与实验测量结果

为求解本节所提出的情境意识模型，首先需要对两组实验仿真界面模型中所监视的四个情境成分的显示属性进行定义，分别计算各情境成分的努力值和突显性值。其中，通过情境成分 i 与其他成分间的相对距离来衡量其努力值；而情境成分 i 的显示突显性考虑其颜色匹配 c_i、仪表类型 t_i、仪表面积 s_i 这三方面属性；仪表种类属性值以不同显示器方式的数值判读难易程度为赋值依据；仪表尺寸属性值以实验界面模型中各情境成分的仪表面积为赋值依据。本实验所选定的四个情境成分的显示属性如表 2.5 所示。

表 2.5　仿真界面模型中各情境成分的显示属性

界面模型	滚转角（SE_1）		空速（SE_2）		高度（SE_3）		航向角（SE_4）	
	A	B	A	B	A	B	A	B
仪表面积	0.1559	0.3341	0.0719	0.0717	0.0719	0.0717	0.1329	0.0900
仪表类型	0.0833	0.0833	0.1667	0.1667	0.1667	0.1667	0.1250	0.0417
颜色匹配	0.1304	0.1304	0.0874	0.1387	0.0957	0.1387	0.1401	0.1387

界面模型	滚转角（SE_1）		空速（SE_2）		高度（SE_3）		航向角（SE_4）	
	A	B	A	B	A	B	A	B
突显性	0.1232	0.1826	0.1087	0.1257	0.1114	0.1257	0.1327	0.0901
努力	0.1264	0.1001	0.1429	0.1120	0.1429	0.1120	0.1539	0.1096

表 2.6 和表 2.7 展示了由本案例提出的情境意识评估模型所计算的各实验情境下情境意识均值，以及本实验所采用的各类 SA 测量指标的主要统计结果。

表 2.6　情境意识的模型评估值与实验各测量值（均值±标准差）

模型评估与实验测量		界面模型 A		界面模型 B	
		任务 1	任务 2	任务 1	任务 2
	模型计算值	0.384	0.454	0.5205	0.6631
SAGAT	第一层次正确率	0.60±0.17	0.65±0.20	0.68±0.23	0.67±0.19
	第二层次正确率	0.73±0.10	0.74±0.10	0.70±0.09	0.75±0.11
	第三层次正确率	0.79±0.17	0.76±0.17	0.83±0.13	0.81±0.18
	一 & 二层次正确率	0.67±0.09	0.70±0.12	0.69±0.13	0.71±0.12
	二 & 三层次正确率	0.76±0.11	0.75±0.11	0.77±0.09	0.78±0.12
	一 & 二 & 三综合正确率	0.71±0.08	0.73±0.08	0.72±0.09	0.74±0.09
	正确反应时间/s	2.73±0.39	2.63±0.45	2.68±0.36	2.57±0.43
操作绩效	操作得分/分	72.23±8.43	72.26±8.83	73.67±9.37	75.79±10.27
SART	注意资源需求量/分	11.07±2.27	10.82±1.96	11.20±1.66	10.86±1.97
	注意资源供应量/分	17.14±2.30	17.92±3.05	17.39±3.04	16.93±3.66
	理解程度/分	13.46±2.91	13.82±2.55	13.32±2.93	15.07±2.43
	综合值/分	19.54±5.05	20.93±5.49	19.50±4.90	20.79±5.50
眼动	瞳孔直径/mm	3.60±0.46	3.53±0.60	3.59±0.55	3.96±1.80
	眼睑开度/mm	11.20±1.69	11.16±1.48	11.25±1.60	11.15±1.51
	眨眼频率/（次/s）	0.32±0.21	0.34±0.21	0.32±0.21	0.36±0.23
	扫视率/（次/s）	12.77±1.49	12.84±1.85	12.61±1.67	12.61±1.69
	注视频率/（次/s）	3.42±1.37	3.26±1.03	3.19±1.15	3.18±1.01
	注视扫视比	3.48±1.69	3.37±1.61	3.39±1.70	3.14±1.48
	平均注视时间/s	13.05±5.78	12.70±5.70	13.76±6.25	13.07±5.75

表 2.7　实验因素的主效应分析结果

测量指标		任务 1&2			界面模型 A&B		
		F	p	偏 η^2	F	p	偏 η^2
操作绩效	操作得分/分	0.287	0.597	0.011	5.311	0.029*	0.164
SAGAT	第一层次正确率	0.517	0.478	0.019	3.309	0.080	0.109
	第二层次正确率	1.090	0.306	0.039	0.851	0.364	0.031
	第三层次正确率	0.442	0.512	0.016	3.050	0.092	0.102
	一 & 二 & 三综合正确率	0.630	0.434	0.023	1.280	0.268	0.045
	正确反应时间/s	2.318	0.140	0.079	2.543	0.122	0.086
SART	综合值/分	2.375	0.135	0.081	0.013	0.911	0.000
	理解程度/分	6.096	0.020*	0.184	2.460	0.128	0.084
眼动	平均注视时间/s	4.243	0.049*	0.136	0.028	0.869	0.001
	眨眼频率/(次/s)	4.933	0.035*	0.154	0.549	0.465	0.020
	眨眼时间/s	4.603	0.041*	0.146	2.588	0.119	0.087
	注视扫视比	3.499	0.072	0.115	2.469	0.316	0.037
	平均扫视时间/s	0.053	0.820	0.002	3.467	0.074	0.114
	瞳孔直径/mm	0.705	0.409	0.025	1.393	0.248	0.049

* $p < 0.05$,下同。

4）模型效度分析

将模型理论计算值与实验中的多项测量指标分别进行相关性分析,主要结果如表 2.8 所示。分析结果表明,在绩效衡量方面,模型理论计算值与操作绩效得分高度显著相关($r=0.972, p=0.028$)。对于 SAGAT 测量,模型理论计算值与总体响应正确率($r=0.943, p=0.057$)和正确响应时长($r=-0.922, p=0.078$)高度且临界显著相关。模型理论计算值与 10-D SART 测量的评估分数不相关($|r|=0.452, p=0.548$)。对于眼动测量,模型理论计算值与注视扫视比高度显著相关($r=-0.955, p=0.045$)。模型理论计算值与瞳孔直径($|r|=0.863, p=0.137$)和注视频率($|r|=-0.836, p=0.164$)也有很高的相关性,但相关性未达到显著水平。ICC 分析并无显著性结果。

为了研究模型评估值与实验测量指标之间的一致性,进一步分析了模型评估值与受实验因素显著影响的实验测量指标之间的相关性,结果如图 2.11 所示。本案例模型实现了情境意识模型评估值与 SART 量表评分(理解维度)的显著相关性,以及与操作绩效的显著相关性,在改善情境意识定量评估模型对操作绩效类行为的一致性和解释性方面表现出了一定的优势。

表 2.8　情境意识模型评估值与实验测量值的比较

模型评估与测量指标		相关系数		类内相关系数	
		r	p	ICC	p
模型评估值		—	—	—	—
行为绩效测量值	操作绩效得分/分	0.972	0.028*	0.137	0.413
SAGAT 方法测量值	响应正确率	0.943	0.057	−0.344	0.817
	正确响应时长/s	−0.922	0.078		
主观量表测量值	SA 主观评分/分	0.452	0.548	0.135	0.414
眼动测量值	瞳孔直径/mm	0.863	0.137	−0.066	0.683
	眼睑开度/mm	−0.384	0.616		
	眨眼频率/(次/s)	0.737	0.263		
	注视频率/(次/s)	−0.836	0.164		
	平均注视时长/s	0.196	0.804		
	平均扫视率/(次/s)	−0.759	0.241		
	注视扫视比	−0.955	0.045*		

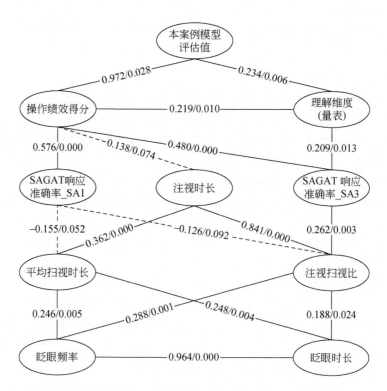

图 2.11　模型评估值与主观测量指标和操作绩效指标等的相关性

3. 讨论与结论

本案例基于 ACT-R 认知理论提出了飞行员情境意识评估模型,在模拟飞行界面监视实验条件下,通过开展多种情境意识评估测量,包括 SAGAT、操作绩效、SART 量表和眼动测量,验证了模型的效度。情境意识的模型评估值与实验中的行为类(操作行为和视觉行为)测量指标表现出较好的一致性和敏感性。模型评估值与操作绩效之间的显著相关性得到验证,这表明,通过本节模型,情境意识评估值可以反映人员的操作绩效,反之亦然。类似地,SAGAT 中的响应行为(响应准确率)与本书模型评估值的相关性比早期类似研究更为显著;此外,模型评估值与注视扫视比之间的负相关性也进一步显著增强,这表明改变信息感知模式(如减少注视和增加扫视)可能会对增强情境意识起到促进作用。本书提出的评估模型既具有对情境意识较为良好的评估效度,也与行为类指标(操作绩效行为和视觉注意行为)具有较好的一致性,这增强了评估模型对飞行员认知与行为能力的解释性。本节提出的评估模型实现了驾驶舱显示界面设计因素对飞行员情境意识影响机制的量化表征,模型评估结果与行为类指标之间的一致性也取得了良好的验证,可为显示界面设计优化和工效学评估提供新的依据。

2.3.3　飞行员情境意识动态循环模型研究案例

在前人研究的基础上[23],根据计算模型可以有效地描述情境意识,但是仍然存在一些不足。首先,情境成分的动态更新没有得到充分考虑,详细的动态过程仅在少数研究中有所描述[7]。其次,SA 的三个层次水平没有得到同等的考虑,例如,SA 的第一层次通常受到很大关注,而第三层次或多或少被忽略[8]。以 A-SA 模型为例,虽然考虑了 SA2 和 SA3,但在计算时它们的区别是模糊的。最后,尽管 A-SA 模型已经预测了飞行模拟着陆任务的 8 名飞行员的扫描行为和绩效,而 Liu 等的模型已经预测了 28 名被试在飞行模拟中进行仪表监控任务的 SA[7],但包括操作者在内的人在环实验并未充分地开展[16]。针对上述局限性,本研究在基于多资源负荷理论的情境意识模型的基础上,进一步提出了情境意识动态循环(situation awareness dynamic circulation,SADC)模型[6]。

1. 基于动态循环的情境意识建模

如图 2.12 所示,SADC 模型的理论框架由三部分组成,它们建立在理性思维的自适应控制-排队网络(adaptive control of thought rational-queuing network,ACTR-QN)框架上。第一部分是感知过程,包括感知子网络中的视觉和听觉模块。第二部分是认知过程,由缓冲器、中央产生式、记忆及目标模块组成[24]。第三部分是预测及决策过程,包括中央产生式和运动模块。这三个部分构建了闭环网

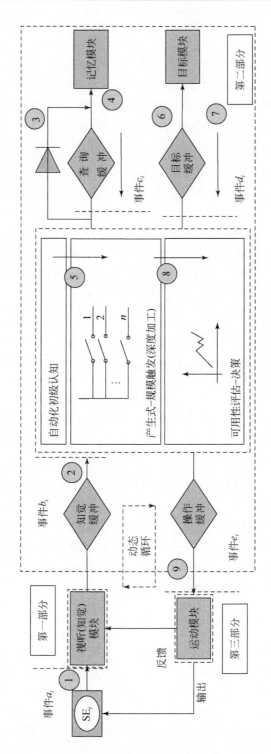

图2.12　SA动态循环量化模型

络,其中第一部分、第二部分和第三部分构成了前馈网络,第一部分和第三部分构成了反馈网络。通过不间断地进行 SA 的评估并输出动作,这个闭环网络形成了 SA 生成过程的动态循环。

1) 模型结构与元素构成

SADC 模型建立在三层次 SA 模型的定义之上[1]。考虑到 SA 的三层次(即感知、理解和预测)之间的递进触发关系,飞行员对 SE 的认知状态在 SADC 模型中被分为 5 类,包括"未被注意(事件 a_i)"、"注意未感知(事件 b_i)"、"感知未理解(事件 c_i)"、"理解未预测(事件 d_i)"和"预测、决策和输出(事件 e_i)",这 5 个类别组成了闭环控制中的动态循环。图 2.12 中所示的路线描述了操作者对 SE 的信息处理过程。当路线 1 未完成时,表明 SE_i(情境成分 i)没有获得足够的注意,此时处于"未被注意"认知状态。随着个体注意资源的消耗,达到对 SE_i 的"注意未感知"的认知状态。完成路线 2 后,SE_i 根据大脑已存在的图式完成自动化初级认知,从记忆模块中的"长期记忆"中快速检索存储的知识,即在完成路线 3 和路线 4 之后达到"感知"状态。此外,SE_i 还进一步通过路线 5 进入中央产生式系统,并检索目标模块以进行模式匹配[24]。当路线 5 到路线 7 完成时,达到"理解"的认知状态。在中央产生式系统中,评估匹配后可能发生的动作,并选择最优策略作为输出。此时完成了路线 8 到路线 9,即达到"预测、决策和输出"[24]。基于上述这三个部分的每条路线,SE 在大脑中不断更新,并对情境进行动态评估以做出决策和输出。

2) 情境意识动态循环模型的计算过程

假设在当前飞行情境中,有 n 个 SE。记 t 时刻,SE_i 的真实值为 $T_i(t)$,其在作业人员大脑认知状态的表征值为 $R_i(t)$。根据 PSM 模型[12],$R_i(t)$ 与上一时刻的 $R_i(t-1)$、动作 $M_i(t-1)$ 以及不确定变量 $U_i(t)$ 相关,即 $R_i(t)=f_1(R_i(t-1), M_i(t-1), U_i(t))$。此外,$U_i(t)$ 可由内部加工表征 $I_i(t)$、外部物理显示因素 $E_i(t)$ 及随机误差 $\varepsilon_i(t)$ 进行函数表示,即 $U_i(t)=f_2(I_i(t), E_i(t), \varepsilon_i(t))$。引入 MIDAS 模型中的 SA 比例概念(即真实 SA 与理想 SA 的比值)[17],则 SADC 模型中 SE_i 的认知水平 $P_i(t)$ 可由 $T_i(t)$、$R_i(t)$ 及 $\varepsilon_i(t)$ 进行函数表示,$P_i(t)=f_3(T_i(t), R_i(t), \varepsilon_i(t))$。考虑到同一 SE 的重要性随时间变化,在当前的研究中,参考 PSM 模型为每个 SE 分配了相应的敏感系数[12,25]。基于此,SA 水平可表示为 $SA(t)=f_4(e_1P_1+e_2P_2+\cdots+e_iP_i, t)$,这里 e_i 为 SE_i 的敏感系数[12]。

3) 情境意识动态循环模型的定量表征

基于 SADC 模型的计算过程,下面具体给出操作者 SA 的定量表征。考虑到三层次 SA 的递进触发模式,定义在认知状态中出现"跳跃"(由数量的累积而导致的定性变化)的路线为节点路线,其余路线被定义为一般路线。

假设完成整个认知过程需完成 m 条路线,目前正处于第 $l(l=1,2,\cdots,m)$ 条路线上,相应已完成的节点路线数为 r,则个体的认知水平可表述为

$$P_i(t) = \begin{cases} \dfrac{j_r}{m}, & j_r \leqslant l < j_{r+1},\ |T_i(t) - R_i(t)|/(T_i(t)+\delta) > \Delta \\ \dfrac{j_r}{m} + \displaystyle\sum_{l=j_r+1}^{j_{r+1}} \dfrac{1}{m} \times \dfrac{T_i(t)}{R_i(t)}, & j_r \leqslant l < j_{r+1},\ |T_i(t) - R_i(t)|/(T_i(t)+\delta) \leqslant \Delta \end{cases}$$

$$(2.18)$$

式中，δ 为极小值；j_r 为对应节点路线 r 的通路编号；Δ 是可接受的误差范围[25]。若 $R_i(t)$ 与 $T_i(t)$ 两者差值在可接受误差范围 Δ 内，则认为不仅达成该认知水平，而且其差值项表征了达成该认知水平之外的该路线认知余量。若两者差值超出 Δ，则认知水平停留在该节点路线认知水平。

当 SE_i 开始引起操作者注意，则个体通过多资源负荷通道的自上而下和自下而上通道获取信息[21]。SADC 模型中 SE_i 的注意资源消耗 A_i 可以参考 SEEV 模型进行计算 $A_i = E_i V_i C_i^{-1} M_i^{-1}$[8]。这里，$E_i$、$V_i$、$C_i$ 和 M_i 分别为信息期望、信息价值、界面编码和注意转移[23]。进一步，SE_i 被注意的概率由"机会规则（choice rule）"确定[14]，$P(b_i) = A_i / \sum_{i=1}^{n} A_i = \alpha$。对应的"未被注意"的概率可由 $P(a_i) = 1 - P(b_i) = P(\overline{b_i})$ 计算得出。由于操作者的工作记忆容量限制，相对于 $t-\tau$ 时刻，t 时刻 SE_i 在大脑中的表征值会发生变化。考虑到情境更新，$R_i(t)$ 可表示为 $R_i(t) = R_i(t-\tau) \times e^{-k_1 \tau}$，其中 k_1 反映了个体工作记忆中信息遗忘的速度，因基础能力不同而存在差异，τ 为遗忘的持续时间。

在经过感知缓冲器之后，SE_i 进入产生式系统并且与图式模块中已存在图式进行自主匹配，整个过程自动化实现。当注意资源消耗达到记忆模块中陈述性知识的激活阈值 Lim 则达成"感知"，即 $A_i = AC_i \geqslant Lim$[7]。这里，A_i 为 SE_i 的注意资源消耗，对应于 ACT-R 理论中的激活值 AC_i[24]。然后，SE_i 被感知的概率可以由 $P(c_i/b_i) = 1/(1 + e^{-(AC_i - Lim)/s})$ 和 $P(c_i) = P(b_i c_i) = p(b_i) p(c_i/b_i) = \alpha/(1 + e^{-(AC_i - Lim)/s})$ 进行计算。

通过查询缓冲调取记忆模块中长时记忆中已存在的陈述性知识，完成路线 3 和路线 4。在这之后，感知的 SE_i 经过路线 5 送入产生式系统进行规则触发的模式匹配[24]。一旦完成路线 5 到路线 7，即完成对 SE 的理解。如式（2.19），$P(d_i/c_i)$ 为对应程序性知识最佳匹配的规则被选中的估计值。

$$P(d_i/c_i) = (\lambda V + S_i)/(V + S_i + F_i) \tag{2.19}$$

根据 Anderson 等的经验公式，λ 为描述前验概率的参数，V 为前验概率的影响强度，S_i 为规则经验匹配成功的次数，F_i 为经验匹配失败的次数[24]。

使用规则匹配算法，进行最佳规则触发，实现对 SE_i 的理解。然后，通过迭代推理执行最佳规则的效用评估，选择最适合个体利益的可用性评估进行输出，完成路线 8 和路线 9,即 $U_i = P_i G - C_i$、$P(e_i/d_i) = \mathrm{e}^{U_i/\theta}/\sum\limits_{l}^{m} \mathrm{e}^{U_l/\theta}$,这里 U_i 为可用性[24],P_i(即 $P(d_i/c_i)$)为最佳匹配的规则被成功激活的概率;C_i 为该最佳匹配规则被激活并实现理解应付出的代价;G 为达成对 SE_i 的理解的价值;θ 为控制规则 i 可用性的误差[24]。基于已完成的节点路线离散值进行计算,则时刻 t 的操作者认知状态的数学期望由 $\overline{P_i} = \sum\limits_{k=a}^{e} \sum\limits_{r=1}^{5} m^{-1} j_r P(k_i)$ 计算。这里 $k = a,b,c,d,e$,$\overline{P_i}$ 为 SE_i 的数学期望,SA 的计算表达式为

$$\mathrm{SA}(t_j) = e_1 \overline{p_1} + e_2 \overline{p_2} + \cdots + e_i \overline{p_i} + e_n \overline{p_n} \tag{2.20}$$

式中,$\mathrm{SA}(t_j)$ 为 t 时刻 j 任务 SA 水平;e_i 为 SE_i 的敏感度系数,表征了该 SE 对形成 SA 的重要程度[7]。e_i 可以通过任务重要度进行定量评估。式(2.21)给出了任务 k 的重要度计算方法:

$$W_k = N_k + C_k = \sum\limits_{j=0}^{n} (B_{kj} \times L_{kj}) + \sum\limits_{j=1}^{n-1} B_{kj} \times B_{kn} \times E_{kjm} \tag{2.21}$$

式中,W_k、N_k 和 C_k 分别为任务 k 的重要程度、总信息需求量和总信息冲突量,这些参数都可以通过每项任务的 4 维(视觉、听觉、认知和运动)注意力需求评定量表来计算,$m = j+1$。进一步,B_{kj} 为任务 k 中行为元素 j 的行为量,当该行为元素存在时 $B_{kj} = 1$,不存在则 $B_{kj} = 0$。L_{kj} 是任务 k 中行为元素 j 的信息需求,它与 McCracken-Aldrich 量表编码图表中包含的类别之一相匹配。E_{kjm} 是 B_{kj} 和 B_{kn} 的信息冲突值,它给出了并发需求的规则,并由矩阵进行标识。考虑到 $T_0 \sim T_1$ 的平均负荷,e_i 可由式(2.22)进行计算:

$$e_i = \left\{ \int_{T_0}^{T_i} \left[\sum\limits_{j=0}^{n} (B_{kj} \times L_{kj}) + \sum\limits_{j=1}^{n-1} (B_{kj} \times B_{kn} \times E_{kjm}) \right] \mathrm{d}t \right\} / (T_i - T_0) \tag{2.22}$$

将式(2.20)和式(2.22)代入式(2.21),可以计算得到 SA。

需要注意的是,SA 的真实状态与许多因素相关,如时间压力、脑力负荷、工作记忆、个人技能等。即使对于相同的飞行场景,不同个体也有不同的 SA。在 SADC 模型中,一些理论值被设置为相同的经验值以忽略个体差异。

2. 实验方法

为了验证 SADC 模型的合理性,采用多种 SA 测量方法开展了实验研究。实验任务设计为模拟环境下包括飞行操作和显示界面在内的典型飞行情境。采用主观的 SART 量表,客观的情境实时评估方法(situation present assessment method,SPAM)[26] 和生理测量[5] 对被试的 SA 进行综合测量。

1) 实验平台构建

为验证 SADC 模型在典型飞行情境下的效度,搭建了基于 Flight Gear 3.4.0

软件的波音 777-200ER 飞行仿真平台[图 2.13(a)]。该平台包括了 PFD 和平视显示界面(head-up display,HUD)在内的飞行界面信息显示,见图 2.13(c)和图 2.13(d)。该显示界面在联想电脑主机上运行,配有 3 块 17 英寸 LCD 屏幕[图 2.13(b)]。实验过程中保持环境光照为 600lx 基本不变,环境噪音水平为 36.6～42.3dB。采用 TH-P 型生理测试仪记录被试的呼吸和皮电反应(electrodermal activity,EDA)数据,采用 FX-7402 十二道自动分析心电图机测量记录心电数据,采样频率为 0.05～150Hz。采用 Saitek Yoke 民航飞行摇杆系统和 BTP-4328 飞行摇杆完成俯仰、滚转、偏航等飞行操作。

图 2.13 实验平台和实验场景

2)实验被试

被试为 18 名模拟飞行学员(16 名男性,2 名女性,年龄 21～25 岁,平均年龄为 22.6 岁),均来自北京航空航天大学航空科学与工程学院。所有被试均具有良好的航空背景,熟悉飞行任务和飞行操作。所有被试均为右利手,视力或矫正视力正常,听力正常。实验前一天,被试需避免剧烈运动并确保充足的睡眠。

3)实验设计

本研究采用组内设计来分析不同飞行情境对被试 SA 的影响。飞行情境为包括起飞、爬升、巡航和进近的 4 个典型飞行阶段。在每个情境中,显示界面被分为 4 个兴趣区域(areas of interest,AOI):AOI 1(HUD)、AOI 2(PFD)、AOI 3[导航显示(navigation display，ND)]和 AOI 4(发动机指示和机组告警系统，EICAS)，如图 2.13(a)所示。

4) 实验步骤

参考飞行手册为对所有被试进行充分的培训直到其在正式实验之前能够熟练地完成飞行模拟任务。采用 SPAM 方法客观地测量被试的 SA。在实验过程中，主试向被试询问与当前和未来飞行状态相关的一些随机问题，并要求被试根据 4 个 AOI 上显示的飞行参数尽可能正确且快速地作答。回答问题的反应时间将被记录为 SPAM 指标。实验过程中，生理采集仪器实时记录生理数据。在每个典型飞行情境之后会进行适当的休息(约 10～15min)，在此过程中要求被试填写 10-D SART 量表。

3. 实验结果

1) 情境意识动态循环模型的理论结果

根据 SADC 模型，分别计算 4 个 AOI 的 E、V、M 和 C 的参数，如表 2.9 所示。

表 2.9　不同飞行情境下 AOI 注意分配元素

相对比例	起飞		爬升			巡航			进近	
	HUD	EICAS	PFD	ND	EICAS	PFD	ND	EICAS	HUD	EICAS
E	0.6667	0.3333	0.6667	0.1666	0.1666	0.5000	0.3750	0.1250	0.7500	0.2500
V	0.3350	0.1650	0.2532	0.0498	0.0498	0.1853	0.1346	0.0337	0.3750	0.1250
M	0.5000	0.5000	0.3540	0.2500	0.3960	0.3540	0.2500	0.3959	0.5000	0.5000
C	0.4513	0.5587	0.4068	0.2349	0.3584	0.4068	0.2349	0.3584	0.4513	0.5487

此外，参数 $P(b_i)$、$P(c_i/b_i)$、$P(d_i/c_i)$、$P(e_i/d_i)$ 以及 e_i 分别根据前文表达式进行计算，结果如表 2.10 所示。基于以上结果，SADC 模型的最终理论结果通过式 (2.20)进行计算，见表 2.10。

表 2.10　不同飞行情境下 SADC 模型的理论结果

计算值	起飞	爬升	巡航	进近
$P(b_i)$	0.2201	0.2503	0.2943	0.2353
$P(c_i/b_i)$	0.5110	0.5971	0.7115	0.5547
$P(d_i/c_i)$	0.5000	0.5000	0.5000	0.5000
$P(e_i/d_i)$	0.2500	0.2500	0.2500	0.2500
e_i	8.6000	6.6000	5.7000	7.3000
SA 值	0.2463	0.2399	0.2772	0.2366

2）不同 SA 测量指标结果

本实验中采用了包括不同的飞行任务（起飞、爬升、巡航和进近）操作和飞行界面（HUD、PFD）显示的 4 种飞行情境来诱发被试不同的 SA。为了研究其对不同测量指标的影响，采用单因素重复测量的 ANOVA。当不满足球型假设时采用 Greenhouse-Geisser 进行校正，事后比较采用 LSD 方法，显著性水平为 0.05。

对于 SPAM 反应时间[图 2.14(b)]，ANOVA 发现飞行情境的主效应显著（$F(3,51)=21.222, p<0.001, \eta^2=0.555$）。事后对比表明爬升（$p=0.012$）和进近（$p=0.003$）情境的 SPAM 反应时间显著高于起飞情境，起飞情境的 SPAM 反应时间显著高于巡航情境（$p<0.001$），爬升和进近情境之间没有显著的差异（$p>0.05$）。飞行情境对于 10-D SART 得分的主效应显著（$F(3,51)=120.425, p<0.001, \eta^2=0.422$），如图 2.14(c)所示。事后比较表明巡航情境的 10-D SART 得分显著高于起飞、爬升和进近情境（$p<0.001, p<0.001$ 和 $p<0.001$），其他情境之间没有显著性差异（$p>0.05$）。

图 2.14(d)和图 2.14(e)显示了被试的平均 R-R 间期标准差（standard deviation of normal r-r intervals, SDNN，为心率变异性的时域指标）和呼吸率在不同飞行情境下的变化。飞行情境对于 SDNN 的主效应显著（$F(3,51)=10.711$,

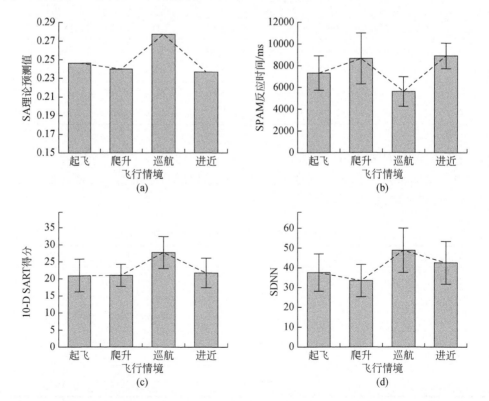

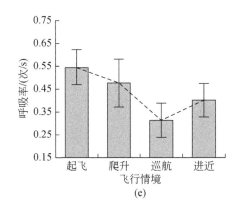

图 2.14 不同飞行情境下 SA 理论值与测量指标的比较

$p < 0.001, \eta^2 = 0.387$）。事后比较发现起飞情境的 SDNN 显著低于巡航情境（$p = 0.003$），进近情境的 SDNN 临界显著低于巡航情境（$p = 0.058$）；爬升情境的 SDNN 显著低于进近情境（$p = 0.001$）；其他情境之间没有显著差异（$p > 0.05$）。对于呼吸率指标，飞行情境的主效应显著（$F(3, 51) = 410.379, p < 0.001, \eta^2 = 0.709$）。起飞情境下的呼吸率显著高于爬升情境（$p = 0.004$）；爬升情境的呼吸率显著高于进近情境（$p = 0.007$），进近情境的呼吸率显著高于巡航情境（$p < 0.001$）。ANOVA 表明飞行情境对于 EDA 的主效应不显著（$p > 0.05$）。

3）SA 理论值与测量值的相关性结果

图 2.14 展示了在不同飞行情境下 SA 理论值和测量值的比较。可以观察到 10-D SART 和 SDNN[图 2.14（c）、（d）]与 SA 理论值[图 2.14（a）]的变化趋势基本一致，而 SPAM 反应时间[图 2.14（b）]和呼吸率[图 2.14（e）]则显示出与 SA 理论值相反的变化趋势。图 2.14（a）和图 2.14（b）~（e）之间的比较反映了 SA 理论值和 SA 测量值之间的一致（正相关）或相反（负相关）的变化趋势。

采用 Wickens 提出的"平均飞行员"思想的验证方法来验证 SADC 模型的有效性[16]。针对 SA 理论值和测量指标进行 Pearson 相关分析。结果发现 SA 理论值与 SPAM 反应时间显著负相关（$r = -0.962, p = 0.038$）。另外，SA 理论值也与主观测量的 10-D SART 得分显著正相关（$r = 0.951, p = 0.049$）。SDNN、呼吸率和 EDA 均没有发现与 SA 理论值的相关关系（$p > 0.05$）。

考虑个体差异，进一步对 SA 理论值与所有被试的测量指标进行了相关性分析。结果发现 SA 理论值与 SPAM 反应时间（$r = -0.603, p < 0.001$）和 10-D SART 得分（$r = 0.532, p < 0.001$）均中等相关。另外，发现 SA 理论值与 SDNN（$r = 0.388, p = 0.001$）和呼吸率（$r = -0.486, p < 0.001$）之间均存在低相关性。其他指标没有发现与 SA 理论值的显著相关关系（$p > 0.05$）。

4. 讨论分析与结论

为了在动态飞行环境中对飞行员 SA 进行理论预测和评估,本部分建立了 SADC 模型。与类似的 SA 计算模型(如 A-SA 模型和 DFSAM 模型)相比,SADC 模型更强调情境成分 SE 的动态更新。

研究表明,SPAM 反应时间和 SART 得分对操作者 SA 的评估具有良好的效果[3,26]。与其他情境相比,在巡航情境下 SPAM 反应时间最短,10-D SART 得分最高。巡航阶段良好的 SA 可能是由于该情境稳定的环境以及低任务操作所导致的。相关研究表明,较低工作负荷会减少注意资源的消耗,这有助于操作者获得更好的 SA[8]。最长的 SPAM 反应时间和最低的 10-D SART 得分发生在爬升情境下。有两个原因可能导致该情境的 SA 最差。首先,由于飞行参数和环境的急剧变化,需要在三种显示仪表(PFD、ND 和 EICAS)之间进行更高需求的注意力分配和注意转移。其次,作为爬升情境中的主要飞行显示,PFD 没有布置在被试的最佳视野中,这增加了信息访问的难度。相比之下,HUD 的使用可能解释了这样一个事实,即虽然飞行操作在起飞和进近情境中很复杂,但是被试仍然能够保持相对理想的 SA(表现为相对较短的 SPAM 反应时间和更高的 10-D SART 得分)。相关研究表明,HUD 避免了在下视显示器和驾驶舱外视野的频繁扫视行为,这有利于良好 SA 的形成和维持[16]。

生理测量具有实时性和客观性的优点,然而尚不清楚哪些生理指标对 SA 敏感[3,27]。之前的研究表明,呼吸频率、SDNN 和 EDA 是脑力负荷的敏感生理指标[28,29],但它们在不同 SA 水平下的变化趋势仍然未知。在此基础上,本研究探讨了这几种生理指标对于 SA 评估的可用性。如图 2.14(d)和图 2.14(e)所示,在面对更高工作负荷时(如起飞阶段相比于巡航阶段),被试的呼吸率增加而 SDNN 降低,这与前人的研究一致[28,29]。然而,在 SA 理论值和生理指标之间没有发现有统计学意义上的相关性。因此,在目前的研究中,生理指标的呼吸频率和 SDNN 显示出对工作负荷的敏感性而不是 SA。

SADC 模型适用于由单个操作者、显示界面和任务操作组成的正常飞行中的人机交互情境。具体而言,操作者应具备相似的操作经验,以便在良好的训练后容易忽略个体差异;显示格式对操作者注意力分配的影响应该能够根据经验数据进行量化;并且任务操作应当具备可用于预测操作者工作负荷的标准操作程序。本研究还存在一些局限性。首先,SADC 模型中一些参数的确定取决于专家经验,这可能引入主观判断偏差。其次,SADC 模型目前是针对正常飞行情境而开发的,对于如告警界面设计和紧急操作的异常情况则需要得到更多经验数据的支持。最后,模拟飞行环境和真实飞行环境之间仍存在不可忽视的差异,需要在后续工作中对 SADC 模型进行进一步的改进和验证。

相比于前文的基于多资源负荷理论的情境意识模型[23]，SADC 模型主要在以下几个方面进行了改进。首先，该模型在多资源负荷理论的基础上引进了控制论和动态循环的思想并强调了 SA 的动态更新，在此基础上揭示了 SA 的动态生成和更新过程。其次，区别于前者仅对 SA1 和 SA2 进行理论建模，SADC 模型包括了完整的三层次 SA(SA1/SA2/SA3)的理论过程描述。最后，区别于前者仅选取了单个显示界面(HUD)的 3 个不同手动操作阶段进行验证，SADC 模型选取了多个飞行显示界面(HUD、PFD、ND、EICAS)组成的 4 个典型飞行阶段(自动和手动操作相结合)进行了模型验证。

本研究提出了 SADC 模型，可用于描述飞行环境中操作者 SA 的动态生成和更新过程。模型在 ACTR-QN 框架下提出了 SA 认知过程的 5 种认知状态("未被注意"、"注意未感知"、"感知未理解"、"理解未预测"以及"预测、决策和输出")，这 5 种认知状态形成了动态循环的闭环网络。另外，模型考虑了低层次 SA 与高层次 SA 之间的递进触发关系，并引入了条件概率思想进行了覆盖三层次 SA 的量化计算。为了验证 SADC 模型的可用性，本部分进行了基于典型飞行情境的飞行模拟任务，并采用综合测量方法对被试的 SA 进行评估。实验结果表明，经典 SA 测量指标如 SPAM 反应时间和 10-D SART 得分均对 SA 的测量敏感，并且与 SADC 模型计算得出的 SA 理论值显著相关；生理指标的呼吸速率和 SDNN 仅表现出对工作负荷良好的敏感性，但在本研究中不能很好地反应不同飞行情境下的 SA 变化。SADC 模型有望在驾驶舱显示界面和飞行训练策略的优化设计中作为 SA 定量表征的新的辅助分析工具。

参 考 文 献

[1] Endsley M R. Toward a theory of situation awareness in dynamic systems. Human Factors: The Journal of the Human Factors and Ergonomics Society,1995,37(1):32-64.

[2] Stanton N A,Salmon P M,Walker G H, et al. State-of-science: situation awareness in individuals,teams and systems. Ergonomics,2017,60(4):449-466.

[3] Salmon P M,Stanton N A,Walker G H, et al. Measuring situation awareness in complex systems: comparison of measures study. International Journal of Industrial Ergonomics, 2009,39(3):490-500.

[4] Endsley M R. Design and evaluation for situation awareness enhancement. Proceedings of the Human Factors Society Annual Meeting,1988,32(2):97-101.

[5] Salmon P M. Distributed situation awareness: advances in theory, measurement and application to team work. London:Brunel University,2008.

[6] Feng C,Wanyan X R,Liu S,et al. An approach to situation awareness (SA) assessment in flight simulation:SA dynamic circulation (SADC) model. Human Factors and Ergonomics in Manufacturing & Service Industries,2021,31(5):559-569.

［7］ Liu S,Wanyan X R,Zhuang D M. Modeling the situation awareness by the analysis of cognitive process. Bio-Medical Materials and Engineering,2014,24(6):2311-2318.

［8］ Wickens C D,McCarley J S,Alexander A L,et al. Attention-Situation Awareness（A-SA）Model of Pilot Error. Beijing:CRC Press,2007.

［9］ McCarley J S,Wickens C D,Goh J,et al. A computational model of attention/situation awareness. Proceedings of the Human Factors and Ergonomics Society Annual Meeting, 2002,46(17):1669-1673.

［10］刘伟. 驾驶工效综合评定实验台及飞行员情境认知的研究. 北京:北京航空航天大学,2003.

［11］ Stanton N A,Stewart R,Harris D,et al. Distributed situation awareness in dynamic systems:theoretical development and application of an ergonomics methodology. Ergonomics,2006,49(12/13):1288-1311.

［12］Entin E B,Serfaty D,Entin E. Modeling and measuring situation awareness for target-identification performance//Garland D J,Endsley M R. Experimental Analysis and Measurement of Situation Awareness. Daytona Beach:Embry-Riddle Aeronautical University Press,1995:233-243.

［13］Wickens C D,McCarley J S. Attention-situation awareness（A-SA）model of pilot error: final technical report ARL-01-13/NASA-01-6. Savoy:University of Illinois,2001.

［14］Wickens C D,Goh J,Helleberg J,et al. Attentional models of multitask pilot performance using advanced display technology. Human Factors,2003,45(3):360-380.

［15］Wickens C D,McCarley J,Alexander A,et al. Attention-situation awareness（A-SA）model of pilot error:technical report-AHFD-04-15/NASA-04-5. Moffett Field:NASA Ames Research Center,2005.

［16］Wickens C D. Display formatting and situation awareness model（DFSAM）:an approach to aviation display design. Urbana:University of Illinois,2005.

［17］Hooey B L,Gore B F,Wickens C D,et al. Modeling pilot situation awareness//Cacciabue P, Cacciabue P C,Hjälmdahl M,et al. Human Modelling in Assisted Transportation. Milan: Springer Milan,2011:207-213.

［18］刘双,完颜笑如,庄达民,等. 基于注意资源分配的情境意识模型. 北京航空航天大学学报,2014,40(8):1066-1072.

［19］薛书骐,张宜静,王萌,等. 基于"认知预期"的情境意识预测模型. 航天医学与医学工程, 2015,28(2):102-108.

［20］吴旭,完颜笑如,庄达民. 多因素条件下注意力分配建模. 北京航空航天大学学报,2013, 39(8):1086-1090.

［21］Wanyan X R,Zhuang D M,Wei H Y,et al. Pilot attention allocation model based on fuzzy theory. Computers & Mathematics with Applications,2011,62(7):2727-2735.

［22］刘双. 飞行员情境意识建模及工效评价研究. 北京:北京航空航天大学,2015.

［23］冯传宴,完颜笑如,陈浩,等. 基于多资源负荷理论的情境意识模型与应用. 北京航空航天

大学学报,2018,44(7):1438-1446.

[24] Anderson J R,Bothell D,Byrne M D,et al. An integrated theory of the mind. Psychological Review,2004,111(4):1036-1060.

[25] Feng C Y,Wanyan X R,Liu S,et al. Dynamic prediction model of situation awareness in flight simulation//Harris D. Engineering Psychology and Cognitive Ergonomics. Cham: Springer,2018:115-126.

[26] Durso F T,Hackworth C A,Truitt T R,et al. Situation awareness as a predictor of performance for en route air traffic controllers. Air Traffic Control Quarterly,1998,6(1): 1-20.

[27] Endsley M R. Measurement of situation awareness in dynamic systems. Human Factors: The Journal of the Human Factors and Ergonomics Society,1995,37(1):65-84.

[28] Wei Z M,Zhuang D M,Wanyan X B,et al. A model for discrimination and prediction of mental workload of aircraft cockpit display interface. Chinese Journal of Aeronautics,2014, 27(5):1070-1077.

[29] Wilson G F. An analysis of mental workload in pilots during flight using multiple psycho-physiological measures. The International Journal of Aviation Psychology,2002,12(1): 3-18.

第3章　情境意识测量与评价方法

情境意识是航空工效学领域一个迫切需要实现准确测量但又存在模糊性的概念。为了通过情境意识来预测或评估操作者在复杂任务环境中的操作特性,有效的情境意识测量方法必不可少。总体而言,现有情境意识测量方法主要可分为直接测量与间接测量两类。其中,直接测量方法是指通过提问或观察获得作业人员对任务情境感知和理解的方法,主要包括主观测评法(subjective measure)和记忆探查测评法(memory probe measure);间接测量方法主要包括绩效测评法(performance measure)和生理测评法(physiological measure)[1],通常可以实时连续地测定作业人员在任务执行过程中的各项数据。到目前为止,情境意识的各类测量方法在效度、测量干扰性、敏感性等不同层面尚存在不同问题,还没有一种测量技术可以完全解决上述问题。因此,在测量情境意识时应考虑采用多种测量方法及指标进行联合测量,以保证 SA 测量的有效性和适用性。

3.1　主观测评技术

目前,主观测评技术(包括调查表、问卷等)是一种最为普遍的测量人员情境意识的方法,通过对操作者的情境意识质量进行评分而实现。评估通常在任务结束后进行,评估者可以是操作者本人也可以是其他人(例如有经验的观察者、任务专家等)。主观测评技术的主要优点是易于应用(快速、低成本)且干扰性低,同时适用于模拟作业场景和真实作业场景;缺点包括评估者可能受到回忆影响、缺乏客观的判断依据、评估结果与绩效相关性低、对任务的敏感度低等问题。对于主观测评技术来说,所考虑的主要影响因素如表 3.1 所示。

表 3.1　主观测评技术需要考虑的问题

考虑问题	考虑范围
(Who)由谁评估?	操作者还是观察者
(What)测量什么?	操作者的感知、当前的认识/记忆还是认知资源
(Where)测量用在何处?	作为一个绝对的指标还是相对的指标
(When)何时测量?	试验之前、试验过程中还是试验之后

3.1.1 基于自我评估的主观测评技术

自我评估方法由操作者本人基于自身感受进行评估,一般在完成实验任务后再进行。自评技术的主要优点是易于应用和无侵入性,不足之处在于评估过程可能受到作业人员主观性偏差和记忆消退的不良影响,导致其结果准确性降低。

目前该方法中最典型的应用是情境意识评定技术(situation awareness rating technique,SART)量表,该量表通过调查作业人员自身感受和观点来测评其情境意识[2]。目前该量表存在 3 维度情境意识评定技术(3-D SART)量表和 10 维度情境意识评定技术(10-D SART)量表两种形式,均被广泛使用。3-D SART 量表分为注意资源需求量、注意资源供应量和情境理解程度 3 个维度,如表 3.2 所示,每个条目采用利克特 7 点评分,通过表达式“情境意识=情境理解程度-(注意资源需求量-注意资源供应量)”计算情境意识的主观得分。10-D SART 量表是 3-D SART 的进一步细化,分为 10 个条目,分别是注意资源需求量维度的 3 个条目(情境稳定性、情境变异程度、情境复杂程度)、注意资源供应量维度的 4 个条目(兴奋及觉醒程度、心理应对能力的余量、注意集中程度、注意资源的合理分配程度)以及情境理解程度维度的 3 个条目(获取信息的数量、获取信息的质量、对情境信息的熟悉程度)。2018 年,苏永强等进一步分析了中文版 SART 量表后指出该量表的信效度良好,表明 SART 量表适用于中国军事飞行员群体[3]。自我评价的情境意识结果可以评估操作者对其情境意识的自信程度,为更客观的测量提供了互补的状况信息。但另一方面,部分研究者指出 SART 量表存在可能与工作负荷之间存在强关联、在应用时受个体差异和记忆衰退因素影响、对绩效的预测较差等问题[4]。

表 3.2 3-D SART 量表

维度	请评估各维度的程度:低(1、2),中(3、4)高(5、6、7)						
注意资源需求量	1	2	3	4	5	6	7
注意资源供应量	1	2	3	4	5	6	7
情境理解程度	1	2	3	4	5	6	7

此外,基于自我评估的主观测评技术还包括情境意识-主观工作负荷支配法(SA-subjective workload dominance,SA-SWORD)、情境意识打分量表技术(situation awareness rating scales technique,SARS)、克兰菲尔德情境意识量表(Cranfield situation awareness scale,C-SAS)、机组意识评定量表(crew awareness rating scale,CARS)、任务感知评定量表(mission awareness rating scale,MARS)

以及低事件任务主观情境意识(low-event task subjective situation awareness, LETSSA)技术等。

　　其中,SA-SWORD 可用于评估飞行员在使用不同模拟座舱显示器时的情境意识,采用 9 分制量表评分。SARS 主要用于军事航空领域,采用 6 分制量表对战斗机飞行员在不同任务执行阶段的 8 个类别中的 31 种行为要素进行评分。8 个类别包括一般特征(如决断力、空间能力)、系统操作(如雷达和武器的使用)、战术计划(如制订和执行计划)、通信(如质量)、信息解读(如威胁优先级排序)、超视距武器使用(如目标决策)、视觉机动(如威胁评估)及一般战术使用(如观察视景、防御反应)。C-SAS 被应用于飞行训练期间飞行学员的情境意识评估,其从知识、理解和预测事件、管理、感知和理解评估能力、整体意识 5 个维度对情境意识进行评定,采用 9 分制。CARS 被用于评估指挥官的情境意识和工作量,从感知能力(如对任务相关的情境信息的感知能力)、理解能力(对感知到的任务相关信息含义的理解、对任务目标的理解)、预测能力(对情境中未来事件和状态的预测)、整合能力(基于个人行动计划对上述信息的整合能力)4 个维度对情境意识进行评定,采用 4 分制。MARS 是 CARS 的扩展,专门开发应用于军事演习中的情境意识评估。此外,研究者考虑到认知需求较低的事件任务(如长途火车驾驶)可能不适用航空及军事场景下高负荷任务中常用的情境意识测评量表,制定了 LETSSA 等针对低事件任务场景下的情境意识评估的量表。LETSSA 量表如表 3.3 所示,基于任务对于情境意识三层次的需求确定了 10 个维度对情境意识进行评定,采用 10 分制评分。

表 3.3　LETSSA 量表

请指出你同意或不同意以下说法的程度,其中 1=非常不同意,10=非常同意。

1. 我及时看到信号和板子,相应地调整驾驶(不管动作是否成功)

1	2	3	4	5	6	7	8	9	10

2. 我及时看到/听到警戒警报,在发生警报之前作出反应

1	2	3	4	5	6	7	8	9	10

3. 我及时发现了外部事件,并采取了适当的行动

1	2	3	4	5	6	7	8	9	10

4. 我知道我的火车的冲刺和连挂程度,是太高、太低还是可以接受的

1	2	3	4	5	6	7	8	9	10

5. 当我踩刹车的时候,我知道我是踩得太多、太少还是刚刚好

1	2	3	4	5	6	7	8	9	10

6. 我知道我的速度,知道我是超速了,还是开得太慢还是刚刚好

1	2	3	4	5	6	7	8	9	10

请指出你同意或不同意以下说法的程度,其中 1=非常不同意,10=非常同意。

7. 我知道火车的运行轨迹

　　1　　　　2　　　　3　　　　4　　　　5　　　　6　　　　7　　　　8　　　　9　　　　10

8. 在看到信号和速度标志之前,我就知道它们会出现,并能采取恰当的措施,如刹车

　　1　　　　2　　　　3　　　　4　　　　5　　　　6　　　　7　　　　8　　　　9　　　　10

9. 我提前知道即将到来的运行轨迹,并能够提前计划,如加速上山

　　1　　　　2　　　　3　　　　4　　　　5　　　　6　　　　7　　　　8　　　　9　　　　10

10. 我知道即将到来的运行轨迹,并能够提前计划最小的冲刺和连挂

　　1　　　　2　　　　3　　　　4　　　　5　　　　6　　　　7　　　　8　　　　9　　　　10

3.1.2　基于观察者评估的主观测评技术

　　基于观察者评估的主观测评技术是通过观察者在任务执行期间观察每个操作者并进行评分而实现的,评分基于操作者在任务执行期间所表现出的预定义的可观察的情境意识相关行为而给定。观察者应当由独立的、经验丰富的专家担任,因为他们通常比操作者掌握更深刻的关于真实情况的信息,对任务情境的了解也可能更为完整。观察者评估方法具有非侵入性的优点,并且可以在真实环境中使用。但其缺点是观察者可能对操作者当前情境概念的内部图式的了解有限,难以准确评估操作者的情境意识内部过程。此外,当操作者数量较多时,观察者需要长时间频繁地观察多个操作者,这增加了实施的复杂性。例如,情境意识行为评定量表(situation awareness behavioral activity rating scale,SABARS)即典型的观察者评估方法,如表 3.4 所示。SABARS 要求领域内专家在任务执行期间观察操作者,使用 5 点评定量表评定 19 个可观察的情境意识相关行为。

表 3.4　SABARS 量表

说明:根据以下 19 个问题对本次任务的班长表现进行评分,其中 1=非常差,2=差,3=边缘,4=良好,5=非常好。

1. 向小组成员征求信息。

2. 向小组成员传达关键信息。

3. 在最初的任务简报中询问相关信息。

4. 根据能力给小组成员分配任务。

5. 向小组成员传达他的情况评估状况。

6. 能够根据目标的期望将自己定位在有利的位置。

说明:根据以下 19 个问题对本次任务的班长表现进行评分,其中 1=非常差,2=差,3=边缘,4=良好,5=非常好。

7. 部署小组成员保持良好的沟通。

8. 战术上利用侦察兵搜集信息。

9. 运用领导者的洞察力评估地势和形势,并最终确定计划。

10. 在实现目标之前制订多个行动方案。

11. 与小组成员沟通行动方案。

12. 使用地图寻找路线并监控目标的进度。

13. 在整个任务期间保持适当的小队安全态势。

14. 对目标行动后进行适当的战斗伤害评估。

15. 识别可能与敌人接触的区域和监听站/观察站地点,并将其传达给小组成员。

16. 寻求确认收到的信息。

17. 选择合适类型和数量的装备和弹药。

18. 了解时间限制和任务时间的安排。

19. 整体态势感知(情境意识)等级。

3.2　记忆探查测评技术

　　记忆探查测评技术通过在任务执行过程中评估特定时间最新一部分记忆的内容来评价操作者当前的情境意识水平。根据测量的时间点不同,记忆探查测评技术可分为同时测量、回溯测量和冻结测量三个子类。

　　同时测量有两种形式,分别是通过口语报告和通过与操作者沟通判断其是否对任务相关信息产生情境意识。同时测量对任务的干扰性较强,可能会导致"舞台效应"。回溯测量是一种事后测量方法,需要在任务完成后立刻实行,要求被试回忆特定的事件或描述其在实验或模拟中作的决策以获得可靠的情境意识。冻结测量介于回溯测量和同时测量之间,其在随机确定的时间点冻结实验场景(遮盖或清除所有与任务相关的信息)并让操作者回答与任务相关的问题。

3.2.1　基于冻结测量的记忆探查测评技术

　　情境意识综合评估技术(situation awareness global assessment technique,SAGAT)是一种被广泛使用的冻结测量技术,基于 Endsley 三层次模型来评估飞行员的情境意识,如表 3.5 所示。SAGAT 的主要实施过程分为三步,包括骤停主体任务、清空显示器内容、要求操作者对自身所处的当前实验情境进行评估并回答与操作任务相关的问题,根据操作者答题的正确率来评估当前阶段的情境意识。

表 3.5　SAGAT 问题实例

空中交通管制 SAGAT 问卷实例
SA 第一层级
在附图上标出所有飞机(所有后续问题均提供完整地图)。
指示飞机的空速是多少?
指示飞机的航向是多少?
指示飞机的型号是什么?
指示飞机当前的状态是水平、上升还是下降?
哪架飞机目前遇到了紧急情况?
SA 第二层级
哪些飞机已获得尚未完成的飞行任务(许可)?
哪些飞机不符合他们的许可?
哪些飞机没有与你联络?
哪些飞机目前受到天气影响?
哪些飞机在原有航线上飞行会违反特殊空域隔离标准?
SA 第三层级
指示飞机将前往的下一个航区是什么?
哪对飞机如果保持当前(指定)航线将失去联络?
哪些飞机必须在接下来的 2 分钟内转移到另一个航区?

使用 SAGAT 方法有一些技术细节需要注意,如基于任务需求分析的 SAGAT 题库的设计、SAGAT 程序的详细说明及练习、冻结问题的呈现及参数设置、模拟场景应用等。目前研究人员对于 SAGAT 方法的客观性及其预测效度存在不同的看法,有研究认为 SAGAT 是一种客观的测量方法,因为其结果可以与真实情境进行客观比较;但也有研究认为其结果是通过操作者的自述报告获取的,可能受到工作记忆限制或操作者个人偏见的影响[5]。SAGAT 存在一些已知的限制,例如冻结时刻与回答问题时刻之间存在时间延迟、需要中断任务、需要操作者有意识地记忆所处情境、只能间歇性而非连续地测量情境意识等,这些限制使其并不适合于真实的任务场景。

3.2.2　基于实时测量的记忆探查测评技术

SPAM 是为评估空中交通管制员情境意识而开发的实时记忆探查测评技术,通过回答问题的反应时和正确率,从而实时评估操作者当前阶段的情境意识。SPAM 方法与 SAGAT 方法最明显的区别在于 SPAM 允许操作者在继续任务的前提下完成问题(二者对比如表 3.6 所示),从而使得 SPAM 可以应用在许多无法进行冻结的真实环境中[6]。

　　SPAM 对任务的侵入性和测量效果存在一些争议。其一,在任务执行期间进行情境意识相关提问可能增加操作者的工作负荷、分散其注意力,从而对主任务产生严重干扰;其二,SPAM 提问必须与任务执行同时进行,这意味着每次的提问数量有限,可能导致其对情境意识的测量效果不佳;其三,SPAM 的实施存在一定限制,例如,动态连续的任务过程增加了对答案准确度的判别难度;回答过程中仪表参数不断变化导致参与者难以作答对反应时间的测定所造成的影响等。

表 3.6　SAGAT 和 SPAM 问题对比

	过去的问题			当下/未来的问题	
SPAM 和 SAGAT 问题	Y 船转弯了多少次?	最近一艘离本船 5 公里以内的船是哪艘?	Y 船在 X 区域至少有 Z 分钟了吗?	哪条船目前在 X 区域?	Y 船目前正驶向 X 区域吗?	Y 船能在 Z 分钟内到达 X 区域吗?
SAGAT 额外的问题	最后一艘在界面中出现/消失的船是什么?	最后一艘进入 X 区域的船是什么?		将 Y 船放在屏幕上	Y 船能在 Z 分钟内到达自己船的北/南/东/西方向吗?	Y 船现在是自己驶向 X 区域吗?

3.3　作业绩效测评技术

　　作业绩效测评技术利用操作任务的完成绩效来推断操作者执行任务时的情境意识水平,是一种间接评估方法。常见测量方法有整体测量法、嵌任务测量法等。整体测量法关注操作任务的整体绩效,常用的绩效指标包括执行任务时的操作准确性(如飞行偏离计划预定航线的差值)、操作稳定性(如飞行过程中速度、高度变化的幅度)、操作时间、任务完成率等。嵌任务测量法通过对嵌入的次任务绩效进行考察以评估操作者的情境意识水平,但该方法反映出的可能仅是与情境意识相关的部分信息。

　　作业绩效的测量结果是基于任务的操作流程而产生的,优点是客观、干扰性小且方便使用,缺点是受到情境意识与作业绩效之间关系不明确等诸多问题的限制。有研究者指出高情境意识是建立良好任务绩效的必要但不充分条件,即拥有良好的情境意识并不一定能获得良好的绩效,但获得良好的绩效应具有良好的情境意识[7]。因此,作业绩效测量结果的准确与否,取决于选取的作业绩效指标与情境意识相关性的强弱以及对任务的评价是否具有综合性。

3.4　生理测评技术

运用生理测量技术进行作业人员脑力负荷的研究已积累有较多的研究经验，但直接用于情境意识的研究还相对有限，近年来，对于人类脑认知科学的研究以及人工智能技术的发展客观上促进了生理测量与各学科之间的交叉，这也为情境意识的研究提供了崭新的视角。目前，研究人员尝试采用包括脑电、眼动、心电、皮肤电等在内的生理信号开展实时测量[8]，整合分析多种生理测评技术在对人员情境意识状态的理解与判断方面可提供的依据。在各种生理测评技术中，眼动测量和脑电测量技术展现出良好的应用潜力[9,10]。

生理测量的主要优势在于客观且可以实现实时测量，但其是否能够直接测量到情境意识的高层次认知过程尚待进一步探讨。以脑电测量指标中的脑电成分P300 为例，该成分可以表明是否已经进行了信息的认知登记，但却不能说明登记的结果正确与否，即尚不能反映作业人员对于这些信息理解程度的高低水平；再以眼动测量为例，眼睛的运动结果虽然可以表征一定程度的认知活动，但无法表明是否观测到处于边缘视觉的对象，作业人员是否已经对其所看到的对象进行了深层次的信息加工和处理。Svensson 认为虽然不能通过生理测量方法直接测得情境意识，但为了对操作者的情境意识水平进行一定程度的辅助性推测分析，采用脑电、事件相关电位（event related potential，ERP）、心率（heart rate，HR）、皮肤电、瞳孔直径、注视时间等生理指标进行情境意识的测量与评价还是具有不容忽视的积极意义，不同情境意识水平下的生理指标变化趋势也可以为情境意识的事后判别和工效学应用提供参考依据[11]。表 3.7 为现有文献在不同研究领域开展情境意识测量所用的生理测量方法，可见其中眼动测量、心电测量与脑电测量具有一定的典型性。

表 3.7　不同研究领域所采用的情境意识生理测量方法[12]

作者（年份）	SA 测量方法	测量类型	生理测量方法	样本量	应用领域/环境	实验变量
Hasanzadeh 等（2018）	SART	自评评级	眼动	14	建筑工地	N/A
Liu 等（2014）	SAGAT，SART	冻结探测	眼动	28	飞行	主飞行显示器（PFD）设计
Wu 等（2018）	T-SART	自评评级	眼动	24	共享屏幕	屏幕类型（单一、共享）
Paletta 等（2017）	SAGAT	冻结探测	眼动	12	人机交互系统	N/A

续表

作者(年份)	SA 测量方法	测量类型	生理测量方法	样本量	应用领域/环境	实验变量
de Winter 等（2019）	SAGAT	冻结探测	眼动	86	仪表监视	N/A
van de Merwe 等（2012）	CARS	自评评级	眼动	12	飞行	任务阶段（故障前、故障后）
Ikuma 等（2014）	SAGAT	冻结探测	眼动	12	控制室	监控界面
Kunze 等（2019）	SAGAT	冻结探测	眼动心率	34	驾驶	不确定信息显示
Dini 等（2017）	SAGAT SART	冻结探测 自评评级	眼动	12	人机交互系统	N/A
Rouwhorst 等（2017）	CARS	自评评级	眼动	10	飞行	驾驶舱触摸屏
Moore 和 Gugerty（2010）	SAGAT	冻结探测	眼动	11	空中交通管制	N/A
Dreyer 等（2014）	SART	自评评级	眼动	10	飞行	驾驶舱平视显示器设计
Desvergez 等（2019）	SAGAT	冻结探测	眼动	30	医疗保健服务	麻醉师的工作经验
Law 等（2020）	SAGAT	冻结探测	眼动	22	医疗保健服务	监控器的位置（中央、四周）
Bracken 等（2019）	SPAM	实时探测	眼动	20	飞行	系统信息的整合程度
Merchant 等（2001）	SAGAT	冻结探测	眼动	12	飞行	合成视觉信息显示组合
Wei 等（2013）	SAGAT	冻结探测	心率	22	飞行	驾驶舱平视显示器设计
Saus 等（2006）	SARS SABARS	自评评级 观察者评级	心率变异性	27	射击	SA 培训的可用性
Sun 等（2017）	SART	自评评级	心率变异性	32	飞行	驾驶舱平视显示器设计
Mehta 等（2018）	SART	自评评级	心率、心率变异性	10	海上	海上场景、临界任务条件
Liu 和 Xue（2015）	SAGAT	冻结探测	心率	30	驾驶	车辆显示界面
Catherwood 等（2014）	QASA	冻结探测 实时探测 事后调查	脑电	15/10	视野	N/A

作者(年份)	SA 测量方法	测量 类型	生理测 量方法	样本 量	应用领域 /环境	实验变量
Kaur 等(2020)	QASA	冻结探测 实时探测 事后调查	脑电	15/10	视野	N/A
Yeo 等(2017)	SPAM	实时探测	脑电	36	飞行	解决冲突的条件
Wang 等(2012)	SAGAT	冻结探测	皮肤电	30	飞行	驾驶舱显示器设计

3.4.1　眼动测评技术

视觉是人类获取外部信息最重要的通道,与大脑注意和信息加工密切关联[13]。眼球运动主要可分为扫视和注视两类,其中,扫视是在内部图式(或心理模型)引导下的注意转换、视觉信息搜索与处理的过程,扫视中捕获的视觉信息可用于揭示眼球运动与注意力转换之间的关系;注视是对视觉元素进行处理的过程,对某一视觉元素的注视行为反映了对该元素的注意力分配、对该视觉信息的获取以及在记忆中对该信息进行存储的视角。因此,眼动追踪被认为是注意行为研究的"黄金标准",具有干扰性小、实时客观等优点[7,10]。

同时,眼动测量技术也是目前最常用的情境意识生理测评技术之一,研究人员对其做出了积极探索。一方面,由于注意、视觉搜索策略和编码信息加工在情境意识的形成过程中起到重要作用,部分研究聚焦于探索与作业人员的注意资源分配策略以及与认知功能相关的眼动指标在情境意识测量方面的应用。例如 Paletta 等发现特定兴趣区(area of interest,AOI)的注视时间与情境意识水平存在正相关关系[14];Zhang 等发现注视率、注视时间、最近邻值指数(nearest neighbor index,NNI)和情境意识之间存在正相关关系[12];Moore 和 Gugerty 指出空中交通管制员在重要飞机目标上的注视时间百分比越高,其任务绩效和 SAGAT 得分就越高[15]。另一方面,相关研究表明,瞳孔直径、眨眼频率等无意识的眼球运动指标也能体现情境意识水平变化。部分研究者指出瞳孔直径在不同情境意识水平下差异显著,随情境意识水平的提高而增大。

尽管很多研究结果为眼动测量指标与情境意识的相关性提供了支撑,但该技术仍然存在一定的局限性。眼动测量侧重于在注意层面表征情境意识,尽管能有效地反映情境意识的感知层,但并不擅长反映情境意识的理解和预测层。此外,使用眼动测量技术评估情境意识还存在指标与情境意识的特异性关系弱、任务条件依赖等困难。因此,需要进一步探索能从理解/预测层面评估情境意识并跨任务场景表征情境意识的敏感眼动测量指标。

3.4.2　脑电测评技术

大脑神经元细胞产生的生物电信号会在大脑表层不同位置之间产生微弱的电压变化,脑电测量技术即是对这种电压变化的测量。与其他生理测量方法相比,脑电测量具有较高的时间分辨率(能准确记录电信号在毫秒时间尺度上的快速变化),能在组别层面直接测量操作者的神经活动,以及与情境意识相关认知结构(例如感知、理解和工作记忆)之间存在关联,这些优点使得其适用于情境意识研究。结合上述优点,并考虑到情境意识实时测量在驱动动态自适应界面开发方面的潜在应用价值,我们可知,脑电测量技术在工业应用领域具有吸引力和良好前景。此外,尽管脑电测量技术被提出作为情境意识的评价方法之一,但鉴于其表征效度、研究技术和实验范式等限制,目前直接用于测评情境意识的脑电研究较为有限。

目前常用的脑电测量技术包括 ERP 和 EEG。ERP 为对特定刺激引起的大脑电位变化的测量,其在情境意识的神经特征的实时检测中具有一定的应用价值[16]。典型的 ERP 成分包括 N1、MMN、P300 等。其中 N1 为刺激后 100ms 左右记录的负成分,可作为注意加工过程的标志。采用偏差刺激诱发的 ERP 波形减去标准刺激诱发的 ERP 波形的差异波称为 MMN,它是由呈现刺激的前后不一致而诱发的负波,反映了大脑对信息的自动加工能力。P300 成分是在刺激呈现后大约 300ms 出现的脑电电压的正向偏转,一般认为反映了注意和工作记忆过程。ERP 在评估 SA 感知层面具有一定的优势,在离散事件的 ERP 测量中最广泛使用的成分是 P300,其可以针对事件在很短的时间序列内进行分析。此外,ERP 还能够实现对关键事件(如故障告警)的侦测,具有从认知过程揭示情境意识的潜力。

EEG 为对不存在外部刺激情况下的脑电活动的测量,脑电波通常被划分为四个波段: $\delta(0.5\sim3\mathrm{Hz})$、$\theta(4\sim7\mathrm{Hz})$、$\alpha(8\sim13\mathrm{Hz})$ 和 $\beta(14\sim30\mathrm{Hz})$。EEG 的功率谱变化被证明与情境意识相关的认知过程相关(包括注意、工作负荷和总体任务复杂性),这些认知过程可能引发操作者不同的情境意识水平。与情境意识密切相关的大脑状态也可以反映在 EEG 中。一项采用 EEG 测量情境意识的研究指出在空对地作战任务中,高水平的 θ 和低水平的 α 与低情境意识水平存在联系。警觉性降低、大脑唤醒水平不足以及疲劳都可能会诱发低情境意识水平的出现,而 β 波活动与上述活动联系紧密。近年来,也有研究人员开展了针对情境意识水平的 EEG 特征探索[17,18]。例如,Kästle 等指出了高和低情境意识条件下,操作者顶叶和颞叶区的激活状态,以及 β 和 γ 特征与情境意识之间的相关性[19]。Feng 等指出中央和顶叶区域的 β 相对功率在高和低情境意识水平之间存在差异[20]。

目前,关于情境意识的脑电测量技术仍在积极探究中,在不同情境意识水平下探索对情境意识敏感的脑电指标及其表征机制仍然存在不足。虽然脑电测量技术可以用来确认环境中的信息元素被感知和处理情况,但无法确认信息是否被正确理解,即无法反映个体对信息的理解程度。此外,也有研究人员认为 EEG 受到的干扰因素过多,从而难以作为稳定的情境意识评价指标。

3.4.3　心电测评技术

心电测量有着无创、干扰性小和便于使用等优点,但目前较少直接用于情境意识的测量研究。某些心电指标(如心率、心率变异性等)能够很好地表征与认知和情绪相关的神经系统调节作用,一些研究观察到心电指标与情境意识之间存在显著的相关性,例如心率和情境意识之间存在正相关关系,NN 间期标准差(standard deviation of NN intervals,SDNN)和情境意识之间呈负相关关系,静息状态下心率变异性更高的个体,其情境意识往往也更高;但也有一部分研究没能观察到心电指标与情境意识之间的相关性。心电测量结果的这种不稳定性可能是由测量指标与任务、时间、环境等因素关联复杂导致的。尽管如此,心电测量仍可作为辅助手段与其他生理测量措施结果进行整合分析,这对于深入理解情境意识也有重要意义[21]。

3.5　情境意识测评技术研究案例

下面分别结合三个研究案例说明了情境意识多种典型测量方法,特别是生理测评技术(眼动测量和脑电测量)的具体应用。

3.5.1　基于眼动测量的自动驾驶任务情境意识分析

Liang 等在车辆自动驾驶情境下开展了一项有关接管前视觉参与如何在自动驾驶过程中影响情境意识的研究,并探索了在模拟自动驾驶环境中使用眼动指标评估情境意识的可能性。在自动驾驶车辆中,驾驶员可能会从事与驾驶无关的任务(non-driving-related task,NDRT),而这会对驾驶员情境意识和在必要时恢复对车辆的控制能力产生负面影响。该研究的目的是使用眼动追踪测量技术来了解NDRT 中驾驶员的视觉参与如何在车辆发出接管请求(takeover request,TOR)后影响其情境意识的变化。30 名被试在模拟自动驾驶环境中行驶,在 TOR 前参与 3个独立任务之一,直到收到 TOR。收到 TOR 后,记录被试的 SAGAT 分数和注视行为。研究结果表明,更长的驾驶场景观察时间、更分散的视觉注意力分配策略,与更好的整体情境意识相关。此外,基于位置的眼动追踪指标在区分不同任务条件下的有显著差异的 SAGAT 分数方面最有前景。该研究结果可以为开发使用眼动测评技术的实时情境意识评估技术提供参考,从而有助于提高驾驶员在下一代自动驾驶交通场景中的道路意识[22]。

1. 实验方法

1) 被试

选取了 30 名有汽车驾驶经验但无自动驾驶经验的被试,其中女性 11 名、男性 19 名,年龄在 22～30 岁之间($M=25.76$ 岁,$SD=3.28$ 岁)。被试均身体健康且在实验前保证了充足的睡眠。

2) 实验平台

实验使用由 NADS(national advanced driving simulator)开发的高保真固定底座驾驶模拟器 miniSimTM 作为实验平台。视觉系统由三块 48 英寸的主显示器(分辨率 1920×1080)和一块 18.5 英寸的仪表盘显示屏组成。使用 FOVIO FX3 台式眼动仪和 Eye Works Suite 收集眼动追踪数据,眼动采样频率为 60 Hz。使用一台 15.6 英寸触摸屏笔记本电脑用于呈现辅任务、提出 SAGAT 问题和收集 SAGAT 结果。

3) 实验流程

被试在驾驶模拟器中完成培训课程以熟悉实验任务的完整流程,培训课程包括三种接管前任务条件下的接管场景模拟和 SAGAT 问卷的填写。三种自动驾驶系统接管前任务用于控制被试的视觉参与水平,任务的工作量相似,分别是替代相关任务(surrogate reference task,SuRT)、外围探测任务(peripheral detection task,PDT)和监控任务(monitoring task,Monitor),如图 3.1 所示。

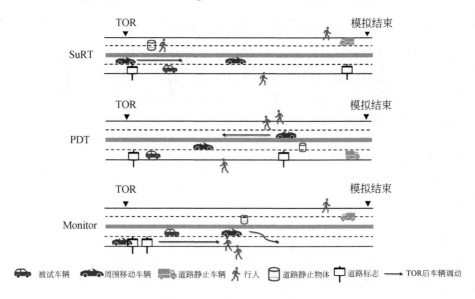

图 3.1　三种 pre-TOR 任务

正式实验包括三个不同的实验环节,每个实验环节中 TOR 前的任务不同。每次驾驶实验由两部分组成:TOR 前自动驾驶部分和 TOR 后部分。每个驾驶过程包括大约 7min 的自动驾驶,1s 的 TOR,在 TOR 7s 后完全停止模拟任务,被试填写 SAGAT 问卷,完整实验流程如图 3.2 所示。

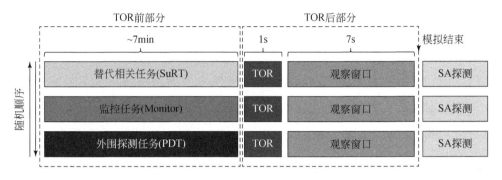

图 3.2　实验流程设计

4) 情境意识测量

该研究采用 SAGAT 和眼动测量技术测量被试的情境意识,采用眼动测量方法和 NASA-TLX 量表测量被试的认知工作负荷。为了确定情境意识要求和 SAGAT 问卷问题,研究者采用了目标导向任务分析(goal-directed task analysis, GDTA)系统信息需求评估技术。实验设计的 SAGAT 问题集中在与视觉分配位置的关系比较密切的一级 SA(感知)和二级 SA(理解)层面,情境意识得分为回答问题的正确率。实验过程中记录了 post-TOR(TOR 结束后 7s)的眼动测量数据,采用的眼动指标包括:标准化后的平均瞳孔直径、总注视时长、不同兴趣区内注视时长百分比、规定时间内扫视路径长度、注视点总数、不同兴趣区内注视点总数、注视点密度、注视熵。定义在 post-TOR 阶段围绕特定环境元素的区域为兴趣区(AOI),兴趣区内包含行人(pedestrian,P)、领头车辆(lead vehicle,LV)、周围移动车辆(moving vehicle,MV)、道路标志(road sign,RS)、道路静止物体(on-road static object,SO)和道路静止车辆(on-road static vehicle,SV)元素。

2. 实验结果

经数据处理后的实验结果如下,SAGAT 分数在 pre-TOR(TOR 开始前 7min)任务条件下主效应显著($p<0.001$),事后分析显示 SAGAT 分数在 SuRT 条件下显著降低,但在监测条件和 PDT 条件之间没有显著差异。

在眼动测量选取的指标中,pre-TOR 任务条件对瞳孔大小($p=0.025$)、总注视时长($p=0.004$)和不同 AOI 中的注视时间百分比($p=0.035$)、总注视点数量

($p=0.007$)的主效应显著。NASA-TLX 得分在 pre-TOR 条件下无显著主效应。使用相似性分析(analysis of similarities,ANOSIM)比较不同 AOI 之间的整体注视分布差异,在 pre-TOR 任务条件内和条件间,不同 AOI 中注视点分布情况(注视点数量的高低排名)相似。其中,道路标志和道路静止车辆 AOI 内的注视点数量受 pre-TOR 条件影响显著。pre-TOR 任务条件对不同 AOI 中的注视点数量分配有显著影响,在 pre-TOR 任务条件内和条件间都存在差异。

3. 讨论

本研究的目的是研究不同预接管请求(TOR)任务条件对驾驶员在自动驾驶期间的情境意识的影响,并探索使用眼动追踪技术测量情境意识的潜力。总体而言,SAGAT 得分在驾驶员参与替代相关任务(SuRT)后最低,在外围探测任务(PDT)和监控任务(Monitor)之间没有差异。此外,基于位置的眼动追踪指标,即总注视次数、AOI 中的注视点数量和空间密度,与 SAGAT 遵循相同的趋势。最后,AOI 中的持续注视时间、总注视时间、注视时间比和平均瞳孔直径,仅在两个接管前任务(SuRT、PDT)条件之间的差异显著。

眼动追踪数据表明,在特定类型的 AOI 中注视时间越长、视觉注意力分配越分散会获得更好的整体情境意识,体现了视觉"准备"在帮助驾驶员应对即将发生的事件方面有重要作用。不同任务背景和实验条件对高情境意识状态下的注意力分配策略有不同要求,因此,选取眼动指标对被试情境意识水平进行判别时需要通过前置实验了解特定任务下的合理注意力分配方案。根据实验得出的与情境意识相关的注意力分配策略,可基于机器学习等方法,使用被试在实验过程中的眼动数据实时判别情境意识。此外,该研究还发现瞳孔直径受到 pre-TOR 任务条件的显著影响。由于三个 pre-TOR 任务条件被设计为具有相似水平的认知工作量,且得到了 NASA-TLX 结果的验证,并且在观察窗口期间环境光条件相同。因此,研究者认为归一化平均瞳孔大小的差异可能确实反映了与情境意识相关的差异。唤醒水平高低已被证明与瞳孔直径大小有确定的正相关关系[23],在高情境意识条件下,较大的瞳孔直径可能是由信息处理过程中的较高唤醒水平导致的。

研究比较了三种特定的接管前任务条件之间的 SAGAT 分数和眼动追踪测量结果的差异,然而实验中 SAGAT 分数与眼动追踪测量之间的直接相关性仍有待进一步研究。研究使用了 SAGAT 作为情境意识的直接测量方法,但在未来的工作中会进一步考虑将其扩展到其他情境意识测量方法(例如实时探测方法或主观评估方法)和眼动追踪指标之间的关系。此外,相关研究表明,脑电测量、心血管测量等生理测量技术也可用于实时评估情境意识,并为自动驾驶期间的驾驶员状态监测和预测提供信息。该研究侧重于对第一层级和第二层级的情境意识的评估,未来的工作还应包括对第三层级的情境意识的评估,以更全面地了解情境意识对决策和绩效的影响。目前的研究虽然强调了视觉"准备"的重要性,但没有建立一个评级系统来量化驾驶员对即将到来的接管的"准备"程度,这可以在后续研究中获得解决。最后,有必要在更为自然的环境中验证研究结果。

4. 结论

本研究通过提供在不同任务条件下 SAGAT 分数和眼动指标同时发生变化的证据,为在接管过程中使用特定的眼动追踪测量指标评估驾驶员的情境意识提供了方法。研究结果表明,在自动驾驶的接管请求(TOR)之前,参与视觉辅助任务可能会对情境意识产生负面影响;与自然驾驶相比,要求驾驶员持续注意前方道路并不一定有利于增强驾驶员的情境意识。总体而言,在接管期间的 7s 观察窗口,眼动追踪措施能够检测到驾驶员的情境意识差异,不同 SAGAT 分数的任务条件下基于注视点位置的指标差异最显著。此外,在驾驶场景(以及特定类型的 AOI)中花费的时间越长,视觉注意力分配越分散,整体情境意识水平更高。该研究结果可能有助于为相关领域的研究人员选择评估情境意识的眼动测量方法提供参考,指导现实世界中实时情境意识评估工具的开发应用,最终有助于提高运输安全。

3.5.2　基于脑电测量的目标监控任务情境意识分析

Kästle 等在基础实验室条件下开展了一项基于脑电指标的情境意识分析研究,探索了情境意识与脑电信号之间的相关性,并构建了基于 EEG 波段功率谱密度(power spectral density,PSD)的情境意识二分类判别模型。大脑活动记录是最有希望用于实时测量情境意识的生理信号之一。脑电仪基于电压波动测量大脑活动,被广泛用于获取生理测量数据以预测受试者的精神状态,尤其是检测不同环境中的工作负荷、精神疲劳、嗜睡和困倦状态。鉴于上述精神状态与情境意识之间的密切关系,该研究使用大脑活动作为客观测量方法来识别受试者的两类情境意识(高情境意识水平和低情境意识水平),提出了一种分析方法,用于识别大脑中与情境意识相关的空间区域和频带。该研究提出了一种新的分析方法来识别与情境意识水平相关的 EEG 信号。首先使用 PEBL SA 测试数据定义标签;之后对脑电图数据进行预处理,使用独立成分分析和主成分分析提取特征以确定新的时域信号,并使用快速傅里叶变换和周期图将其转换到频率空间。将获得的频率特征分为高情境意识和低情境意识两类,使用本研究提出的分析方法对新数据集进行分析,确定了与情境意识相关的最重要的空间区域和频率范围[19]。具体研究流程如图 3.3所示。

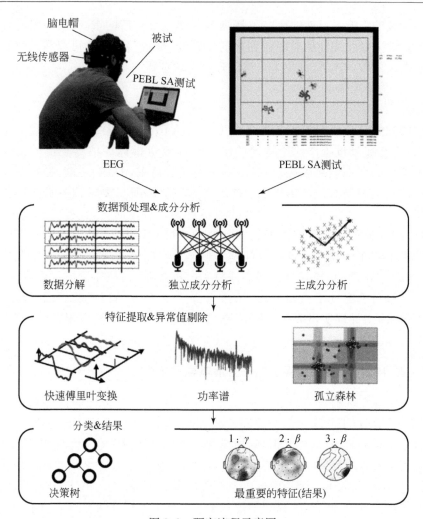

图 3.3　研究流程示意图

1. 实验方法

1）被试

32 名被试（13 名女性和 19 名男性）参加了这项研究，年龄在 18～39 岁之间（M＝27.66 岁，SD＝5.46 岁）。

2）实验流程

实验任务为心理学实验构建语言（psychology experiment building language，PEBL）实验，实验中使用 32 通道脑电帽采集了被试的 EEG 信号，实验结束后被试需要完成对应的 SAGAT 测试。每次实验得到的一个新数据集，包括该次 PEBL

实验结果、实验中采集的 EEG 信号和实验后采集的 SAGAT 结果。

在 PEBL 情境意识测试中,五种不同形状和颜色的动物在网格上连续移动。被试被要求监控动物在网格内的位置、类型和运动方向。按照 SAGAT 方法(图 3.4),在动物从屏幕上消失的随机时间后,要求被试回答与实验情境有关的问题,根据相应的准确度指标评估对三个不同问题集的答案,从而通过情境意识分数评估被试的表现:①为了测试被试的感知程度(情境意识第一层级),被试被要求标记所有五只动物的最后位置,并记录平均位置误差[图 3.4(a)];②为了测试被试对情境的理解程度(情境意识第二层级),要求其识别位于两个给定位置的动物类型[图 3.4(b)]。输出包括两个二进制值,反映指定动物是否被正确识别;③为了评估被试的预测程度(情境意识第三层级),要求判断其中一只动物最近的运动方向,并记录角度误差[图 3.4(c)]。

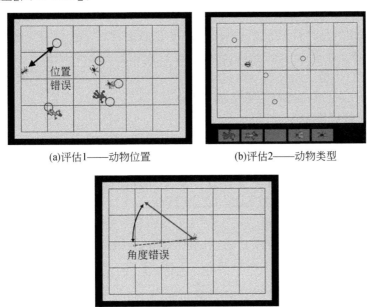

(a)评估1——动物位置　　　　　(b)评估2——动物类型

(c)评估3——运动方向

图 3.4　PEBL 情境意识测试

一次完整的 PEBL 实验由 5 个环节和 90 次运行组成:环节 0 为练习环节,包含 3 个连续运行的相同评估(该环节的数据不用于进一步的分析)。环节 1~3 相同,包括 15 次连续评估,被试在参与实验时已知要回答的 SAGAT。环节 4 以随机顺序分别对 3 个 SAGAT 问题进行 15 次运行,被试不知道要回答的问题。

3) EEG 设备和数据采集

使用带有镀金干电极的 32 通道 Nautilus 无线 EEG 电极帽测量所有被试的脑

活动,采样频率为250Hz。根据国际10-20系统放置EEG通道。应用高通滤波器来消除与环境影响相关的缓慢频率漂移(>2Hz)。此外,使用陷波滤波器去除48~52Hz间的信号,以避免电源线接触对脑电信号造成的干扰。在情境意识测试的整个过程中持续记录大脑活动。

2. 数据处理

1) 定义情境意识水平标签

首先,将情境意识测试得到的数据集手动分为高情境意识水平和低情境意识水平两类。对于①、③两类SAGAT问题(分别对应了情境意识第一层级和情境意识第三层级),SAGAT的结果是连续的,测量出的位置和角度误差值呈正态分布,且与受试者在各自评估中的反应准确性有关。使用双分量高斯混合模型(two-component Gaussian mixture model)对误差值的概率分布进行建模,将两个高斯分布的交点作为高情境意识水平和低情境意识水平的区分点。对于②类SAGAT问题,回答的位置和角度误差值由两个二进制值组成,表示被试是否为这两个位置选择了正确的动物。当且仅当两只动物都被正确识别时,认为被试具有高情境意识水平,所有其他回答都视为低情境意识水平。

2) 构建数据样本

将情境意识测试标签和EEG数据在时间轴上进行同步,将EEG数据映射到情境意识的测试结果上,EEG和情境意识测试记录的数据点之间的最大偏移为2ms(受EEG设备的时间分辨率限制)。检索与评估实例对应带时间戳的数据切片,结果用于进一步获得EEG的空间光谱特征。

3) 使用决策树算法分类

采用了两种基于决策树的算法,针对所提取的特征将被试的EEG信号分为高情境意识水平和低情境意识水平两类。首先,采取了独立成分分析(independent component analysis,ICA)和主成分分析(principal component analysis,PCA)进行特征提取,提取主要与不同情境意识水平相关的特征并将它们映射到不同脑区,将叠加信号分解为其组成刺激并提供每个电极点的空间印记。之后,分别采用快速傅里叶变换(fast Fourier transform,FFT)和具有窗函数的周期图以选取不同大脑区域的频率信息,根据不同脑电图波段的功率谱密度识别脑电图特征。在将数据集输入训练算法之前,分别使用孤立森林(isolation forest,IF)算法和统计算法识别异常值后,对异常值进行替换和填充。在完成异常值和缺失值处理后,使用决策树(boosted tree,BT)和随机森林(random forest,RF)算法对EEG数据进行分类[24]。

3. 实验结果

在情境意识第一层级评估中,76.2%的数据集被标记为高情境意识水平,

23.8%被标记为低情境意识水平。在情境意识第二层级评估中,64.6%的被试提供了两个正确答案,被标记为高情境意识水平,而剩余的35.4%被标记为低情境意识水平。情境意识第三层级的评估结果的数据集分为62.3%的高情境意识水平和37.7%的低情境意识水平。

PCA 分析结果中,所有/单个被试三个最重要的脑区分别如图 3.5 所示。ICA 使用了来自所有被试的数据,获得的特征用于分类。通过计算 PCA 和 ICA 特征之间的互相关,结果表明 ICA 和 PCA 特征之间的相关性较低,这意味着 ICA 和 PCA 特征所表达的信息是不同的,两个特征集都表达了有助于区分高情境意识水平和低情境意识水平的统计信息。

对于使用具有窗函数的周期图提取的 EEG 特征,在用平均值代替异常值的情况下,BT 分类算法的最高测试准确率为 67%;在采用零替换异常值的情况下,BT 分类算法的最高召回率达到 85.4%。使用 FFT 提取特征后,测试准确度、精确度和召回率的最大值略低,BT 在用最大值代替异常值时报告的准确度最高,达到 66.8%;RF 分类算法在所有情况下的测试精度均低于 BT 算法。

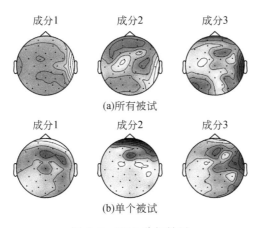

图 3.5 PCA 分析结果

4. 讨论

本研究采用了 PEBL SA 测试,并结合 PEBL 实验内容设计了不同的 SAGAT 问题,从而有效地测量了被试三个层级的情境意识水平;使用了机器学习算法将生理指标与情境意识水平有效关联起来,为准确评估被试情境意识水平提供了可靠依据。然而,该研究使用的数据分类方法也存在一定的局限性。将第一、三层级情境意识问题的测试数据分为两类的过程中,将阈值设置为构成高斯混合模型的两条 PDF 曲线的交点的方法导致了数据分布的不平衡,情境意识样本中三分之二的样本被归类为高情境意识水平,三分之一的样本被归类为低情境意识水平。对于一级情境意识的评估,高斯混合曲线很好地拟合了数据集,但是二者的聚类结果区分度不高,高情境意识水平和低情境意识水平的平均值彼此靠近。

　　研究确定的六个最重要的 EEG 特征区域如图 3.6 所示。其中四个特征位于由较高频率(12~30Hz)构成的 β 波段,这表明高激活对象的注意力和警觉性增加了。其他呈现的特征位于 γ 波段(30~45Hz),负责认知功能和信息处理。如图所示,左半球(区域 2 和 6)和右半球(区域 1、3、4、5)活动均与情境意识相关。此外,所有四个主叶,额叶(区域 2)、顶叶(区域 5 和 6)、枕叶(区域 1 和 3)和颞叶(区域 4)在图中呈现的特征中均被激活。已知所有已识别的大脑区域都可以执行获得情境意识所需的任务。

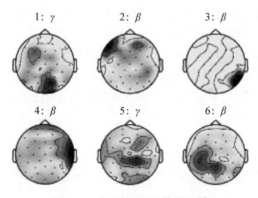

图 3.6　重要的 EEG 特征区域

5. 结论

　　本研究介绍了一种使用 EEG 将生理信号与情境意识相关联的新分析方法。使用 32 通道干式脑电图耳机收集了 32 名在 PEBL 框架中完成 SA 测试的被试的新数据集。已发现 β(12~30Hz) 和 γ(30~45Hz) 频带与情境意识之间存在相关性。观察到的神经元激活发生在大脑的四个主要脑叶(额叶、顶叶、枕叶和颞叶皮层),这些频率和大脑区域的组合负责集中注意力和视觉空间能力。分类器实现的最高准确率为 67%。在未来的工作中,可以为每个情境意识层级构建单独的分类器,还可以评估不同的机器学习算法(例如支持向量机和神经网络)以提高分类精度,或将情境意识测试结果划分为更多的类别,从而区分不同的情境意识等级。

3.5.3　基于脑电特征分析的人员情境意识分级评估

1. 研究目的

　　生理测量方法利用传感器采集人体生物信号,具有连续、客观、方便和可实时采集等优点。尽管已有较多人员状态(脑力负荷、疲劳)相关的 EEG 研究,但情境意识相关 EEG 探索尚十分有限。如 3.5.2 节所示,脑电测量具有特定的优点,研究者们面向情境意识水平的判别也进行了一系列的积极探索,例如,Kästle 等基于 5 个 EEG 波段的功率谱密度开展情境意识水平判别,其中采用随机森林和增强树方法可实现情境意识的判别准确率达到 67%[19]。

然而现有研究仍存在一定的局限性。首先,用于情境意识判别的 EEG 特征有限且大多判别准确率低于 70%。其次,传统的判别方法(如回归分析和贝叶斯方法)已广泛应用于典型的人员状态判别,但较少用于情境意识的判别。考虑其较好的可解释性,将有利于情境意识形成机制的阐明。最后,大多数研究采用所有 EEG 特征(尤其是频域特征)为输入,而未提前筛选对情境意识敏感的 EEG 特征,从而可能会对判别过程引入干扰并降低判别准确率。

综上,本研究开展了不同情境意识水平的 EEG 实验探索和特征提取。首先,根据 MATB Ⅱ 任务的 SAGAT 得分划分了高情境意识水平组(high situation awareness group, HSA)和低情境意识水平组(low situation awareness group, LSA),并使用频谱分析探索了绝对功率、相对功率和慢快波(SW/FW)这 3 种类型的 EEG 特征。此外,采用 3 脑区(额叶、中央和顶叶)×3 脑侧(左、中和右)×2SA 组别(LSA 和 HSA)的重复测量的 ANOVA,以探索对情境意识敏感的 EEG 特征。最后,将上述对情境意识敏感的 EEG 特征输入到 PCA 和贝叶斯模型,以区分两个情境意识组别。

2. 实验方法

1) 被试

选取了 48 名北京航空航天大学航空科学与工程学院在校研究生作为被试,其中男性 39 名,女性 9 名,年龄在 22～24 岁之间(M=23.15 岁,SD=0.72 岁)。被试专业为航空工程,均具有良好的航空知识背景。在实验之前,所有被试均被告知实验的说明和流程并签署书面知情同意书。所有被试均健康状况良好,右利手,视力或矫正视力正常,实验前 24h 要求保证足够睡眠(至少 8h)。

2) 实验平台和实验任务

如图 3.7 所示,实验平台为 MATB Ⅱ。本研究对该平台进行了重新定义,共包括 4 个子任务,分别呈现在 4 个 AOI 内,包括系统监控任务(AOI 1)、追踪任务(AOI 2)、通信监测任务(AOI 3)和资源管理任务(AOI 4)。各子任务的呈现次序和呈现时间通过可扩展标记语言(extensible markup language, XML)编程实现。

3) 脑电设备和指标

采用 Neuroscan Neuamps 系统 32 通道放大器记录 EEG 数据:F7、FT7、T3、TP7、T5;FP1、F3、FC3、C3、CP3、P3、O1;FZ、FCZ、CZ、CPZ、PZ、OZ;FP2、F4、FC4、

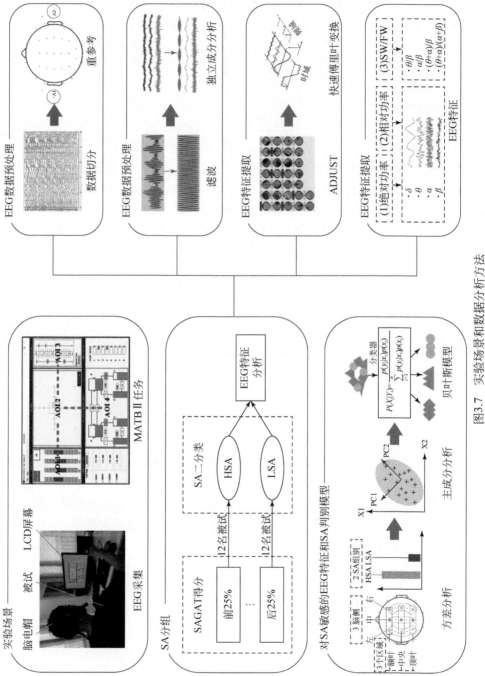

图3.7　实验场景和数据分析方法

C4、CP4、P4、O2；F8、FT8、T4、TP8、T6。所有电极采用 Ag/AgCl，记录带宽为 0～ 200Hz，采样率为 1000Hz。电极的阻抗保持在 5kΩ 以下。GND 设置为接地，左乳 突 A1 作为在线参考。同时记录垂直和水平眼电。选取 EEG 数据 4 个频率脑波： $\delta(1\sim4\text{Hz})$、$\theta(4\sim8\text{Hz})$、$\alpha(8\sim12\text{Hz})$ 和 $\beta(13\sim30\text{Hz})$。选择四个波段的绝对功率 (μv^2) 和相对功率(%) 以及 4 个 SW/FW 比率作为 EEG 功率特征。相对功率是某 一波段的绝对功率与总功率(1～30Hz)之比。本研究采用 θ/β、α/β、$(\theta+\alpha)/\beta$ 和 $(\theta+\alpha)/(\alpha+\beta)$ 这 4 种常用的 SW/FW 比率进行分析。

4）实验设计

本实验旨在研究用于情境意识评估和判别的敏感 EEG 特征。在本实验设计 中，自变量为情境意识水平，因变量为 EEG 功率特征。根据 MATB Ⅱ 任务中的 SAGAT 得分划分了高情境意识组和低情境意识组。

5）实验流程

首先是培训环节，所有被试需完成上岗培训和考核（准确率＞90%），以确保能 够熟练地完成相应的子任务。同时，要求每个被试佩戴脑电帽并完成静息测试。 正式实验中采用 SAGAT 以测量被试的情境意识水平。具体而言，在实验过程中， MATB Ⅱ 界面在随机时间被预先设定的问题界面冻结并完全覆盖。冻结的间隔 时间约为 5min，每次提出 6 个问题。平均提问时间小于 1min，每次冻结间隔大于 2min。保证在前 3min 内无问题提出，以便被试可以在稳定的情况下获得信息。 从 SAGAT 数据库中选择的弹出问题由被试使用鼠标点击回答。

6）情境意识分组

本研究根据情境意识标准测试中的 SAGAT 得分划分高情境意识组（HAS 组）和低情境意识组（LSA 组）。参考前人研究，SAGAT 得分前 25% 的被试（12 名 被试）被归为 HSA 组，后 25% 为 LSA 组。HSA 组平均年龄为 23.08 岁（SD＝ 0.79），LSA 组平均年龄为 23.17 岁（SD＝0.58）。独立样本 T 检验表明 LSA 的 SAGAT 得分显著低于 HSA[$t(22)=-10.817, p<0.001$]。因此，情境意识分组 有效性获得验证。

3. 实验结果

1）不同情境意识组组别的 EEG 分析

（1）数据分析方法。

针对上述功率谱特征进行 3 脑区（额叶、中央和顶叶）×3 脑侧（左、中和右）× 2 SA 组别（LSA 和 HSA）的重复测量 ANOVA，事后分析采用 Bonferroni 方法。 采用 Mauchly 方法进行球形检验，如不满足，则使用 Greenhouse-Geisser 进行校 正。3 种类型的脑电功率谱特征的地形图如图 3.8 所示。

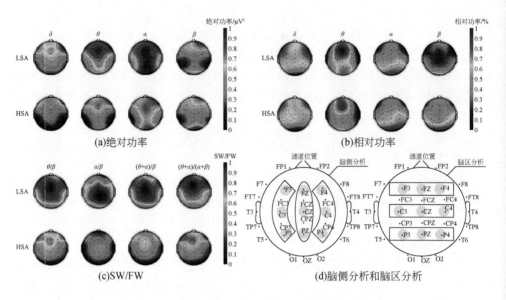

图 3.8　不同情境意识组别的 EEG 特征和通道位置

(2)不同情境意识组别的绝对功率。

ANOVA 未发现绝对功率之间的显著交互效应($p>0.05$)。此外,情境意识分组对 4 个波段绝对功率的主效应也不显著($p>0.05$)。

(3)不同情境意识组别的相对功率。

不同情境意识组别的 4 种脑电相对功率的描述性统计结果如图 3.9 所示。ANOVA 结果表明,对于 β 相对功率,脑区×SA 组别的交互作用显著[$F(1.506,33.130)=4.467,p=0.028,\eta^2=0.169$]。进一步的简单效应分析表明,LSA 组在中央和顶叶区域的 β 相对功率显著低于 HSA 组($p=0.016,p=0.006$)。其他波段均未发现显著的交互效应和主效应($p>0.05$),如表 3.8 所示。

表 3.8　情境意识组别的相对功率的 ANOVA 结果

波段/%	脑区×脑侧×SA 组别			脑区×SA 组别			脑侧×SA 组别			SA 组别		
	F	p	η^2	F	p	η^2	F	p	η^2	F	p	η^2
δ	1.460	0.234	0.062	0.239	0.694	0.011	1.854	0.171	0.078	0.871	0.361	0.038
θ	0.535	0.652	0.024	0.246	0.673	0.011	0.134	0.859	0.006	1.439	0.243	0.061
α	0.663	0.575	0.029	0.421	0.623	0.019	1.448	0.246	0.062	0.276	0.064	0.012
β	2.204	0.097	0.091	4.467	0.028*	0.169	1.918	0.160	0.080	6.911	0.015*	0.239

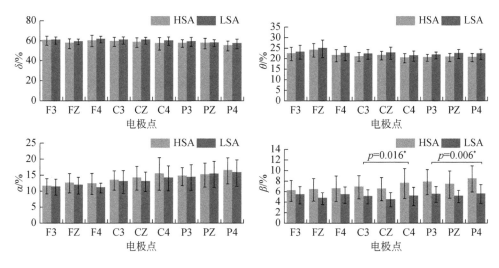

图 3.9　不同情境意识组别的相对功率

* $p<0.05$；* * $p<0.01$；* * * $p<0.001$；下同

（4）不同情境意识组别的 SW/FW 比值。

4 种 SW/FW 比值的描述性统计结果如图 3.10 所示，ANOVA 的统计结果见表 3.9。对于 θ/β，情境意识组别的主效应显著，LSA 组的 θ/β 显著高于 HSA 组（$p=0.005$）。对于 α/β 和 $(\theta+\alpha)/\beta$，脑区×脑侧×SA 组别存在显著的交互效应 $[F(3.175,69.858)=3.404,p=0.020,\eta^2=0.134；F(2.953,64.975)=3.103,p=0.033,\eta^2=0.124]$。简单效应分析表明，在顶叶区域，LSA 组的 α/β 在左侧（$p=0.018$）、中线（$p=0.013$）和右侧（$p=0.007$）显著高于 HSA 组。对于 $(\theta+\alpha)/\beta$，除额叶左侧和右侧外，LSA 组的 $(\theta+\alpha)/\beta$ 在其他电极点均显著高于 HSA 组（$p<0.005$），如图 3.10 所示。情境意识组别的主效应显著，LSA 组的 $(\theta+\alpha)/(\alpha+\beta)$ 显著高于 HSA 组（$p=0.025$）。未发现其他显著的交互效应和主效应（$p>0.05$）。

表 3.9　情境意识组别 SW/FW 的 ANOVA 结果

SW/FW	脑区×脑侧×SA 组别			脑区×SA 组别			脑侧×SA 组别			SA 组别		
	F	p	η^2	F	p	η^2	F	p	η^2	F	p	η^2
θ/β	2.228	0.105	0.092	1.185	0.303	0.051	1.572	0.221	0.067	9.610	0.005*	0.304
α/β	3.404	0.020*	0.134	5.920	0.007*	0.212	1.057	0.343	0.046	4.040	0.057	0.155
$(\theta+\alpha)/\beta$	3.103	0.033*	0.124	2.778	0.092	0.112	1.770	0.184	0.074	9.072	0.006*	0.292
$(\theta+\alpha)/(\alpha+\beta)$	1.180	0.321	0.051	0.299	0.661	0.013	0.708	0.485	0.031	5.761	0.025*	0.208

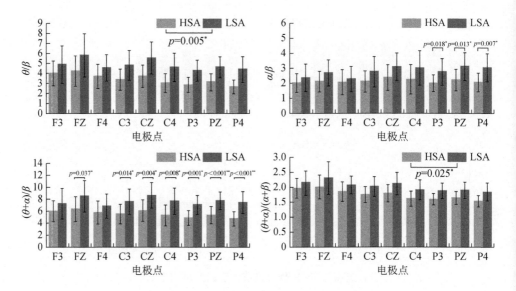

图 3.10　不同情境意识组别的 SW/FW 结果

2）基于敏感 EEG 特征的情境意识贝叶斯判别模型

根据上述分析,针对高、低情境意识组的脑电特征结果分析如下:①绝对功率无显著差异;②β 相对功率在中央和顶叶区域有显著差异;③SW/FW 的 θ/β 和 $(\theta+\alpha)/(\alpha+\beta)$ 比值在额叶、中央和顶叶区域有显著差异,α/β 在顶叶区域有显著差异,并且$(\theta+\alpha)/\beta$ 在除了额叶区的左右侧的其他电极点也出现了显著差异。

采用相关电极点的 34 个情境意识敏感 EEG 特征进行高、低情境意识水平的分类,如表 3.10 所示。包括以下两个步骤:首先,通过 PCA 方法对 EEG 特征进行降维,选择 F_1、F_2 和 F_3 三个主成分,它们覆盖了总方差的 91.3%（分别为 72.2%、12.4% 和 6.7%）。$F_1 \sim F_3$ 的成分矩阵如表 3.10 所示。

然后,F_1、F_2 和 F_3 被送入基于贝叶斯判别模型。在上述等式的基础上,本研究构建的线性判别方程如下:

$$Z_1 = -0.961F_1 + 0.167F_2 + 0.419F_3 - 1.032 \tag{3.1}$$

$$Z_2 = 0.961F_1 - 0.167F_2 - 0.419F_3 + 1.032 \tag{3.2}$$

将 $F_1 \sim F_3$ 输入式（3.1）和式（3.2）中,Z_1 和 Z_2 的最大输出值被设定为分组结果。如表 3.11 所示,原始验证准确率为 83.3%,交叉验证准确率为 70.8%（留 1 法）。

4. 讨论与结论

为探索与不同情境意识水平相关的 EEG 变化,本研究招募了 48 名被试完成 MATB Ⅱ 任务。在本研究中,SAGAT 得分最高的 25% 和最低的 25% 被试分别被

表 3.10　SA 敏感的 EEG 指标的成分矩阵

电极点	β相对功率			θ/β			α/β			(θ+α)/β			(θ+α)/(α+β)		
	F_1	F_2	F_3	F_1	F_2	F_3	F_1	F_2	F_3	F_1	F_2	F_3	F_1	F_2	F_3
F3				0.788	-0.065	0.492							0.762	0.419	0.441
FZ				0.841	0.171	0.449				0.863	-0.074	0.446	0.687	0.558	0.338
F4				0.790	-0.120	0.518							0.721	0.406	0.402
C3	-0.910	0.138	0.074	0.939	0.002	0.083				0.890	-0.315	0.109	0.843	0.485	-0.004
CZ	-0.932	-0.006	0.060	0.938	0.209	0.027				0.964	-0.105	0.094	0.729	0.598	-0.088
C4	-0.899	0.145	0.073	0.970	0.009	-0.001				0.899	-0.357	0.051	0.835	0.484	-0.064
P3	-0.918	0.096	0.164	0.947	-0.030	-0.122	0.629	-0.743	0.049	0.903	-0.363	-0.056	0.859	0.387	-0.214
PZ	-0.881	0.053	0.267	0.916	0.120	-0.338	0.673	-0.692	0.017	0.923	-0.264	-0.210	0.738	0.497	-0.416
P4	-0.916	0.116	0.244	0.883	0.008	-0.303	0.683	-0.690	0.046	0.890	-0.305	-0.180	0.767	0.351	-0.414

表 3.11　情境意识敏感脑电指标的判别结果

验证方法	SA 组别	预测准确性/%		平均准确率/%
		HSA	LSA	
原始验证	HSA	83.3	16.7	83.3
	LSA	16.7	83.3	
交叉验证	HSA	58.3	41.7	70.8
	LSA	16.7	83.3	

定义为 HSA 组和 LSA 组。独立样本 t 检验显示,LSA 组的 SAGAT 得分显著低于 HSA 组。此外,在情境意识分组的基础上分析了与情境意识水平相关的 EEG 特征。结果表明 β 相对功率和 4 个 SW/FW 比率在不同组别间存在显著差异。选择对情境意识敏感的 EEG 特征作为输入,使用 PCA 和贝叶斯方法对不同情境意识组别进行原始验证和交叉验证,分别获得 83.3% 和 70.8% 的判别准确率。

PSD 表示在一定频率范围内分布的信号功率。δ 波振荡经常在意识减弱(慢波睡眠状态和意识障碍状态)情境观察到。θ 波振荡涉及工作记忆表征的主动保持和回忆,随着工作记忆负荷的增加或更高的注意力需求而增加。α 波振荡在注意力水平降低的放松条件下发生,通常处于昏昏欲睡但清醒的状态。β 波振荡与当前大脑状态的维持有关,如警觉(alertness)和唤醒(arousal)状态。尽管上述文献表明脑电波和情境意识可能存在关联,但本研究中未观察到明显的 EEG 绝对功率差异。这提示绝对功率作为 EEG 特征对于情境意识水平监测的贡献有限。

此外,还进行了 4 种脑电波相对功率的分析。结果显示,LSA 组在中央和顶叶区域的 β 相对功率显著低于 HSA 组。中央和顶叶区域 β 相对功率差异的发现与 Kästle 等、Shayesteh 和 Jebelli 的发现一致。β 波活动通常在意识正常、警觉或活动集中(active concentration)状态下被观察到。根据之前的研究,β 波通常被认为与兴奋有关,预期当情境意识较高时会更加活跃,在疲劳状态下会显著降低。在本研究中,LSA 组可能有较低的警觉或大脑觉醒,这不利于对情境的感知、理解和预测,从而导致情境意识水平较低。中央区被认为与感觉和运动功能有关,而顶叶区域控制感觉和运动系统、意识和知觉。本研究结果支持这两个脑区均与情境意识的认知过程密切相关,这可以为探索情境意识的潜在神经生理机制提供依据。

此外,本研究分析了高情境意识组和低情境意识组的 4 类 SW/FW 比值[θ/β、α/β、$(\theta+\alpha)/\beta$ 和 $(\theta+\alpha)/(\alpha+\beta)$]。结果表明,4 类 SW/FW 比值对不同的情境意识组敏感。EEG 的 SW/FW 比值通常是被研究人员用来反映皮层下控制功能的典型指标。研究表明在疲劳状态下观察 4 类 SW/FW 比率增加,因此其可用于人员警觉性评估。θ/β 比值最初是从注意力缺陷/多动症诊断中引入的,最近的研究探讨了其与健康个体执行认知绩效的各个方面[工作记忆、注意力(尤其是执行注意力控制)、压力和困倦]的关系。本研究采用 θ/β 比值指标是基于假设 LSA 组的警觉性和任务参与度可能降低,这将导致 β 功率降低及 θ 功率提高,即更高的 θ/β。α/β 比率通常用于衡量个体的认知状态,例如注意、脑力疲劳和应激。此外,$(\theta+\alpha)/\beta$ 已被用于研究警觉性和任务沉浸程度、注意投入、脑力努力等,较高的比值可能与高度警觉状态相关[25]。在 LSA 组中发现了更高的 SW/FW 比率,这为情境意识判别提供了新的且重要的情境意识敏感 EEG 特征。

根据重复测量的 ANOVA 结果,本研究发现了对情境意识敏感的相关 EEG 特征,并将这些特征输入 PCA 和贝叶斯模型中进行了判别。计算结果显示,基于情境意识敏感 EEG 特征的贝叶斯模型的判别结果分别为 83.3%(原始验证)和70.8%(交叉验证)。相比于 Li 等的 70.6% 模型判别准确率和 Kästle 等的 67% 模型判别准确率,本研究中充分选择了对情境意识敏感的 EEG 特征并考虑了它们的贡献,排除了冲突信息以减少可能的混淆,这有助于提高辨别准确性。因此,将对情境意识敏感的 EEG 特征与线性判别模型相结合也可以达到有效的判别结果。

本研究进行了与不同情境意识水平相关的 EEG 特征分析。研究结果显示该方法可以对情境意识降低的机制进行深入分析、提出可实现的预防措施并确保操作员安全完成任务。本研究的研究特点包括三个方面。首先,绩效指标在之前大多数与情境意识评估和分类相关的研究中普遍使用,但情境意识与绩效之间的关系尚不明确,这降低了相应研究的可靠性。本研究使用 SAGAT 方法对情境意识水平的高低进行分类。作为一种高度敏感、可靠且可预测的情境意识测量方法,其在各领域和实验环境中都有广泛的应用,SAGAT 方法可以有效地提高情境意识分组的客观性。其次,虽然生理测量普遍被认为具有在线监测和情境意识判别的潜力,但目前大多数研究都集中在眼动测量方向,EEG 和情境意识之间的关联仍不明晰。对于情境意识的在线判别,EEG 具有时间分辨率高和直接测量操作者组别神经活动的优点。本实验结果发现 β 相对功率和 SW/FW 对不同情境意识水平敏感,这为情境意识的判别分析提供了有用的指标。最后,大多数关于操作者认知状态判别的研究集中在脑力负荷和疲劳方面,而基于客观 EEG 特征的情境意识判别分析较为有限,并且预测准确性也不够理想。本研究基于敏感的 EEG 特征并采用了贝叶斯方法,这提高了判别的精度。此外,对于情境意识判别,经典的贝叶斯判别模型相比于机器学习方法具有更好的可解释性。

本研究根据 MATB Ⅱ 任务中的 SAGAT 得分区分了 HSA 和 LSA 组。通过对高低情境意识组进行 EEG 频谱分析来探索情境意识敏感特征(包括 4 个频段的绝对功率、相对功率、SW/FW 比值)。此外,结合对情境意识敏感的 EEG 特征和PCA,贝叶斯方法可用于进一步区分不同的情境意识组。根据实验结果,可以得出以下几个结论:①LSA 组的 SAGAT 得分显著低于 HSA 组;②4 类波的绝对功率在 LSA 和 HSA 组之间没有显著差异;③LSA 组在中央和顶叶区域的 β 相对功率显著低于 HSA 组;④与 HSA 组相比,LSA 组在额叶、中央和顶叶区域的 θ/β 和 $(\theta+\alpha)/(\alpha+\beta)$ 较高,在顶叶区域 α/β 较高,而 $(\theta+\alpha)/\beta$ 在除额叶区左侧和右侧外的所有区域中均较高;⑤结合上述 SA 敏感 EEG 特征,通过 PCA 和贝叶斯方法,可以实现两个情境意识组之间的区分,相应的原始验证准确率为 83.3%、交叉验证准确率为 70.8%。这些结果可为基于 EEG 特征进行情境意识的在线评估和判别提供证据,从而有助于应对可能威胁飞行安全的情境意识下降。

参 考 文 献

[1] 杨家忠,张侃. 情境意识的理论模型、测量及其应用. 心理科学进展,2004,(6):842-850.

[2] Selcon S J,Taylor R M,Koritsas E. Workload or situational awareness:TLX vs. SART for aerospace systems design evaluation. Proceedings of the Human Factors Society Annual Meeting Proceedings,1991,35(2):62-66.

[3] 苏永强,刘志方,陈朝阳,等. 中文版情境意识评价技术的研究与应用. 航天医学与医学工程, 2018,31(5):513-519.

[4] 吴斌,王萌,张宜静,等. 手控交会对接中操作者的情境意识和脑力负荷研究. 载人航天, 2014,20(4):378-385.

[5] Endsley M R. The divergence of objective and subjective situation awareness:a meta-analysis. Journal of Cognitive Engineering and Decision Making,2020,14(1):34-53.

[6] Endsley M R. A systematic review and meta- analysis of direct objective measures of situation awareness:a comparison of SAGAT and SPAM. Human Factors,2021,63(1): 124-150.

[7] de Winter J C F,Eisma Y B,Cabrall C D D,et al. Situation awareness based on eye movements in relation to the task environment. Cognition,Technology & Work,2019,21 (1):99-111.

[8] Endsley M R,Garland D J. Situation Awareness Analysis and Measurement. Mahwah: Lawrence Erlbaum Associates,2000.

[9] Salmon P M,Stanton N A,Walker G H,et al. What really is going on? Review of situation awareness models for individuals and teams. Theoretical Issues in Ergonomics Science,2008, 9(4):297-323.

[10] van de Merwe K,van Dijk H,Zon R. Eye movements as an indicator of situation awareness in a flight simulator experiment. The International Journal of Aviation Psychology,2012,22 (1):78-95.

[11] Svensson E A I,Wilson G F. Psychological and psychophysiological models of pilot performance for systems development and mission evaluation. The International Journal of Aviation Psychology,2002,12(1):95-110.

[12] Zhang T,Yang J,Liang N,et al. Physiological measurements of situation awareness:a

systematic review. Human Factors: The Journal of the Human Factors and Ergonomics Society,2020,65(5):71.

[13] de Winter J C F,Eisma Y B,Cabrall C D D,et al. Situation awareness based on eye movements in relation to the task environment. Cognition,Technology & Work,2019,21 (1):99-111.

[14] Paletta L,Dini A,Murko C,et al. Towards real-time probabilistic evaluation of situation awareness from human gaze in Human-Robot interaction. Proceedings of the Companion of the 2017 ACM/IEEE International Conference on Human-Robot Interaction, New York,2017.

[15] Moore K,Gugerty L. Development of a novel measure of situation awareness: the case for eye movement analysis. Proceedings of the Human Factors and Ergonomics Society,2010, (3):1650-1654.

[16] Berka C,Levendowski D J,Davis G,et al. Objective measures of situational awareness using neurophysiology technology. Augmented Cognition Conference,2006.

[17] Zhao C L,Zhao M,Liu J P,et al. Electroencephalogram and electrocardiograph assessment of mental fatigue in a driving simulator. Accident Analysis & Prevention,2012,45:83-90.

[18] Yeo L G,Sun H,Liu Y,et al. Mobile EEG-based situation awareness recognition for air traffic controllers. 2017 IEEE International Conference on Systems, Man, and Cybernetics,2017.

[19] Kästle J L,Anvari B,Krol J,et al. Correlation between situational awareness and EEG signals. Neurocomputing,2021,432:70-79.

[20] Feng C Y,Liu S,Wanyan X R,et al. EEG feature analysis related to situation awareness assessment and discrimination. Aerospace,2022,9(10):546.

[21] Sætrevik B. A controlled field study of situation awareness measures and heart rate variability in emergency handling teams. Proceedings of the Human Factors and Ergonomics Society Annual Meeting,2012,56(1):2006-2010.

[22] Liang N,Yang J,Yu D,et al. Using eye-tracking to investigate the effects of pre-takeover visual engagement on situation awareness during automated driving. Accident Analysis & Prevention,2021,157:106143.

[23] Bradshaw J. Pupil size as a measure of arousal during information processing. Nature, 1967,216(5114):515-516.

[24] Breiman L. Random forests. Machine Learning,2001,45(1):5-32.

[25] Fernandez Rojas R,Debie E,Fidock J,et al. Electroencephalographic workload indicators during teleoperation of an unmanned aerial vehicle shepherding a swarm of unmanned ground vehicles in contested environments. Frontiers in Neuroscience,2020,14:40.

第4章　团队情境意识概念与实验分析

4.1　团队情境意识的基本概念

4.1.1　团队情境意识概念

在复杂、动态的社会技术系统环境中,系统通常是由团队而不是个人实施操控。团队不仅仅是简单的个体的总和,而是指"两个或两个以上的人,在有限的时间内每个人均被分配了特定的角色或功能,通过动态地互动,相互依赖,相互适应,以实现共同的有价值的目标或任务"[1]。由于团队成员之间存在沟通、信息共享和协作等动态交互过程,而这些过程会对团队情境意识(team situation awareness,TSA)产生重要的影响,因而 TSA 不能简单地被描述为个体 SA 的总和。目前针对 TSA 没有一个大家公认的定义,不同的学者从各个方面对 TSA 进行了探讨。

早期对于 TSA 的研究主要是将 Endsley 的个体 SA 三层次理论扩展到团队层面。Endsley 和 Robertson 将 TSA 定义为"每个团队成员具有其工作所需 SA 的程度"[2]。在团队中,每个团队成员需要基于团队角色和决策了解自己所需要获取的信息,例如一台手术的完成需要外科医生、麻醉师和几名护士各司其职。虽然团队成员在团队中承担不同的角色和责任,所需的个体 SA 也不相同,但是他们需要保持对某些情境信息的共同理解才能更好地进行协作。因此,优秀的团队绩效不仅依赖于高水平的个体 SA,还需要在同一情境下具有相同的 SA,即"共享情境意识(shared situation awareness,SSA)"。Endsley 和 Jones 将 SSA 定义为"每个团队成员在共同 SA 需求上拥有相同 SA 的程度"[3],图 4.1 阐释了 TSA 和 SSA 之间的区别。此外,Nofi 等将 TSA 定义为"对特定情景的共享觉知",Perla 等认为 TSA 是"在特定情境下团队所有人以同样的方式对当前环境的理解",Wellens 等将 TSA 描述为"在两个或者多个个体之间共享的对当前环境中的时间、意义以及对未来预测的共同观点"。这些定义与 Endsley 对 TSA 定义中的 SSA 相一致,即团队成员之间共享的"相同"部分。团队成员并不需要共享所有的情境元素,而是相互共享"共同 SA 需求"。此外,Wellens 还指出,为了最大化 TSA,每个团队成员所监测的情境元素应当具有足够的重叠。

Salas 等将 TSA 解释为"团队成员在某一时刻对某一情况的共同理解"[1]。与 Endsley 强调 SSA 对 TSA 的重要性不同,Salas 等指出 TSA 的关键是沟通和信息

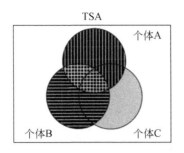

图 4.1 TSA 和 SSA 的区别

交换,其包含两个重要部分,一个是团队成员的个体 SA,另一个是团队过程(team process),其中团队过程是指"促进团队绩效的团队行为和认知过程"。团队成员之间通过信息交换和沟通进行协作,对信息的理解也受团队其他成员对信息传递和解释的影响,个体 SA 在沟通和信息交换的过程中被不断修正、发展并共享给其他团队成员,从而也促进了 TSA 的发展,最终形成了从发展个体 SA 到共享团队 SA 再反馈给个体 SA 的循环。因此,这一过程可以看作是 Smith 和 Hancock 知觉环理论在团队层面上的延伸应用。

Shu 和 Furuta 基于 Endsley 的情境意识三层次理论和 Bratman 的共享协作活动理论(shared cooperative activity theory,SCA),将 TSA 定义为"两个或两个以上的个体对共同的环境及其最新情况的了解与分享、与他人在合作任务上的互动"[4]。在 Bratman 的理论中,相互响应、承诺支持和联合活动被确定为 SCA 的关键特征。Shu 和 Furuta 认为 TSA 由个体 SA 和相互意识(mutual awareness,MA)组成,其中,相互意识可以理解为"团队成员之间对彼此意图、信念和活动的相互理解"。例如,在飞机驾驶舱内,操作飞行员(pilot flying,PF)和监视飞行员(pilot monitor,PM)在处置紧急情况时,能够互相理解对方的行为和动机,这就是相互意识。

虽然上述定义强调了 TSA 的不同方面,但研究者普遍认为 TSA 存在于人们的认知中,涉及团队成员之间的互动。综上所述,TSA 是一个多维的结构,包含与个体自身职责相关的个体 SA,团队成员的共享 SA 与相互 SA,以及整个团队的 SA。

4.1.2 系统情境意识概念

随着系统思维的发展,社会技术系统(socio-technical system,STS)的概念被提出,STS 多应用于高安全标准领域,如航空、航天、舰船、核工业等。广义上的团队和团队合作在 STS 中发挥着重要作用,但是 STS 不仅仅只关注团队,还包含了系统以及在复杂而不确定的环境中的行为。因此,也有研究者指出,TSA 是 STS 的一个特征,而不是人的心理认知结构。

Artman 和 Garbis 是最早在系统层面讨论 TSA 的研究者,并引入了分布式认知理论,将 TSA 定义为:"在两个或两个以上的个体之间部分共享和部分分配的情境模型的动态构建,从中可以预测不久后重要的未来状态"。他们将系统作为分析单元,认为 SA 分布在团队成员以及他们所使用的人工设备中,因而系统层面上的 TSA 也被称为分布式情境意识(distributed situation awareness,DSA)模型。分布式认知理论描述了联合认知系统的概念,包括系统中的人以及他们所使用的工件。在这样的系统中,认知是通过系统单元之间的协调来实现的,因而被视为是一种自然属性(即系统要素之间的关系),而不是个人努力。因此,在 DSA 的假设中协作系统拥有不属于个体认知的认知属性,SA(和其他系统级别的认知过程)被认为是协作系统的自然属性。这与 Endsley 的假设(即 SA 是一个独特的认知结构)并不完全一致。Artman 指出,系统层面的 TSA 应专注于团队成员和工件之间的互动,而不是个体间的心理过程,SA 分布在系统内部,并不被任何一个成员所单独拥有[5]。

Stanton 等在此基础上进一步扩展了 DSA 理论,将 SA 定义为"在系统内的特定时间,为特定任务而激活的知识",这种知识分布在系统的团队成员和工件中,包括人类和非人类,统称为代理(agent)。知识的拥有、使用和共享是动态的,并取决于任务及其相关目标。这与 Bell 和 Lyon 的假设相似,即"SA 可以被定义为(在工作记忆中)关于环境元素的知识"。Stanton 还指出,系统中所有代理的知识(SA)构成了信息网络,该网络不受人和物体现存的结构约束,而是受到与情境有关的所需知识要素的约束。情境需要应用与环境状态相关的知识(由个人掌握、由设备采集等),并随着情境的发展而变化[6]。例如,操作飞行员、监视飞行员和驾驶舱系统作为代理都有各自的 SA,在飞行情境中,操作飞行员阐述他计划的飞行操作,监视飞行员提供更新的飞行参数,驾驶舱系统中的皮托管将测量并利用诸如空速等参数来制定自动反应序列并向飞行员提供反馈。DSA 的关键在于与情境相关的各个代理的知识在信息网络中被激活,以便在恰当的时间向正确的代理提供适当的信息。因此,这种知识的"所有权"最初是在系统层面,而不是个人层面。在 DSA 的观念中,各代理都具有各自独特的 SA,但是他们之间的 SA 可以是重叠的、兼容的和互补的,一个代理 SA 的缺陷可以由另一个代理来弥补,即 SA 是可以被"交易(transaction)"的,Sorensen 等指出,DSA 是通过分享信息所产生的意识交易来获得和维持的。

4.2　团队情境意识的理论模型

复杂系统中往往涉及多个人员,同时由于系统固有的复杂性和环境的不确定性,个体 SA 模型往往适用有限,因而逐渐发展出了团队 SA 模型和系统 SA 模型。

团队 SA 模型多为基于信息加工认知理论和个体 SA 三层次模型的延展，而系统 SA 模型则多为在分布式认知理论基础上的延展。

4.2.1　团队情境意识模型

1. Endsley 的团队 SA 模型

对于团队而言，个体作为构成团队的基本单位发挥着重要作用；团队本身也依赖于个体之间的沟通与交流，因此团队可被看作是由个体以及个体与个体沟通交流所组成的整体。从这个角度，Endsley 等提出团队 SA 包含个体 SA 以及由沟通带来的个体之间的 SA 共享，即每个成员所共有的共享情境意识。如图 4.2 所示，该 TSA 模型中一组圆相互重叠，每个圆代表一个团队成员与其特定角色相关的 SA 元素，而圆圈的重叠部分则表示共享 SA，圆圈的并集表示 TSA。

图 4.2　Endsley 的团队 SA 模型

Endsley 和 Jones[3] 随后将团队过程纳入 TSA 的描述，扩展了早期的 TSA 模型，并揭示了影响 TSA 的关键因素，包括 TSA 要求、TSA 设备、TSA 机制和 TSA 流程，如图 4.3 所示。

关于 TSA 要求、TSA 设备、TSA 机制和 TSA 流程的主要含义如下。

（1）TSA 要求（requirement）。TSA 要求包括了解自己在团队其他人的任务中的地位，团队其他人在自己任务中的地位，自己的行动对团队其他人的影响和团队其他人的行动对自己的影响，以及对其他团队成员行动的预测。这些元素需要在团队成员之间进行共享，而这些元素的维护情况会影响团队合作的质量，不仅要支持团队成员之间分享关于系统和环境的相关信息以提升个人 SA，还要支持团队的协调和运作以提升 SSA。

（2）TSA 设备（device）。TSA 设备包括物理设备（如共享显示）、非物理显示（如语言和非语言交流）以及共享环境。这些设备帮助团队成员形成对情境的共同

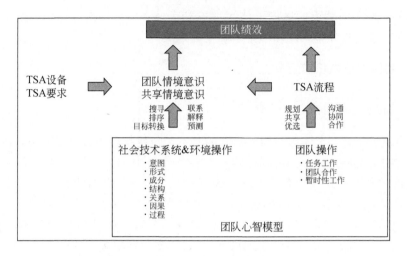

图 4.3　Endsley 和 Jones 的 TSA 模型

理解。其中,沟通是团队成员之间分享信息最常见的方式,当团队成员在同一个环境时,一些非语言沟通如面部表情可以帮助了解团队成员的应激情况和任务负荷等信息。同时,共享显示需要根据个人 SA 需求进行设计,如果只重复其他成员的信息不会提升 TSA 甚至会降低 TSA 水平。

(3)TSA 机制(mechanism)。TSA 机制指团队成员基于某种机制(如共享心智模型)以相同的方式理解和预测情境的程度,其在显著提升 TSA 水平的同时也能够减少对 TSA 设备如沟通、共享界面等的依赖。例如,Mosier 和 Chidester 发现,采用共享心智模型的高绩效班组在执行任务过程中沟通较少。此外,大量研究表明,交叉训练能够增强共享心智模型[7]。

(4)TSA 流程(process)。TSA 流程如自查、协调、排序和提问,客观上促进了信息交流的进程。Orasanu 和 Salas 等总结了高效团队需遵照的规则,包括准备紧急情况预案;团队成员在民主的领导氛围下进行信息共享,提供更多的解释或给出更多的警告或预测;在寻找解决方案之前先形成对问题的共同理解。

2. Salas 的 TSA 模型

Salas 等认为 TSA 包括个体 SA 和团队过程,其中最关键的 TSA 因素是信息交换[1]。个体现有的知识(心智模型)和期望影响着对环境要素的感知。个体心智模型的局限性可以通过与其他团队成员的信息交换得到补充和更新,而团队过程促进了团队成员之间的信息交换。如图 4.4 所示,Salas 等提出的模型描述了 TSA 的周期性和动态性。在他们的模型中,团队成员已有的知识、团队成员的特征和团队过程存在相互作用。该模型认为,TSA 来源于"个体先验存在的相关知识、从环境中得到的信息以及包括注意资源分配、觉知、数据提取、理解以及预期等认知技巧的交互"。

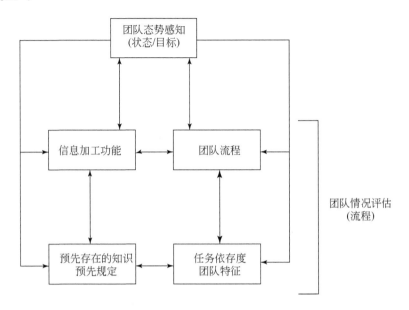

图 4.4　Salas 的 TSA 模型

3. Shu 的 TSA 模型

Shu 等[4]提出了基于个体情境意识与相互情境意识的模型,其中相互情境意识指团队成员对团队其他成员 SA 水平的了解以及对于团队其他成员对自己 SA 水平了解程度的信心。Shu 的模型使用模态运算符如 BEL(个人信念)、EBEL(个人信念的结合)、MBEL(相互信念)等来描述心理状态并构建逻辑公式来表达 TSA,如式(4.1)~(4.3)。

假设 BEL(m,P)表示成员 m 相信事件(或感知元素)P,则在团队 g 中,所有成员都相信事件 P 表示为

$$\text{EBEL}(g,P) \equiv \bigwedge_{m \in g} \text{BEL}(m,P) \tag{4.1}$$

团队成员之间对事件 P 的相互信念表示为

$$\text{MBEL}(g,P) \equiv \text{EBEL}(g,P) \wedge \text{EBEL}(g,\text{MBEL}(g,P)) \tag{4.2}$$

假设 TSAn(g,P)表示团队 g 对 P 有第 n 级 TSA,其中 n 可以是 1、2 和 3,对应于三个层级的 TSA。Hold(P,T)表示事件 P 在时刻 T 时为真,State(P)表示 P 的系统状态,Symptom(P)表示事件 P 的可感知系统状态,那么以 TSA1 为例,则 TSA 可以表示为

$$\text{TSA1}(g,P) \equiv \text{MBEL}(g,\text{Hold}(P,\text{now})) \wedge \text{Symptom}(P) \tag{4.3}$$

与其他 TSA 模型相比,Shu 的模型可操作性更强,该模型允许团队成员互相帮助,从而有助于在不完全了解情况的条件下发现错误。但是模型也存在一定缺陷,即该模型在 2 人团队中就显得较为复杂,而在 3 人团队中的定义与测量则更加复杂;同时这个定义只包含了个体层面的结构,对团队层面的描述与分析较少。

4. Salmon 的 TSA 模型

在上述 TSA 模型的基础上,Salmon 等[8]提出了一个总结性模型,如图 4.5 所示,在该模型中,TSA 包含了团队对情境的综合意识。团队成员必须拥有与他们在团队中的个人角色和目标相关的 SA(其中一些可能与其他团队成员相同或共享),同时还拥有与其他团队成员相关的 SA,包括对其他团队成员的活动、角色和职责的意识,以及对整个团队的意识,包括目标和绩效。与 SA 相关的数据和知识通过沟通、协调和合作等团队过程分布在整个团队中,与整个团队的 SA 共同显示并改进团队成员的 SA。因此,团队 SA 包括三个独立但相关的组成部分:团队成员个体 SA、其他团队成员的 SA(任务-工作 SA)以及整体团队的 SA(团队合作 SA)。每种形式的 SA 都受到团队流程的影响。

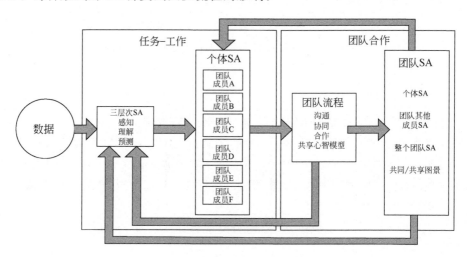

图 4.5　Salmon 的 TSA 模型

4.2.2　系统情境意识模型

Artman 和 Garbis 最早在系统层面讨论 SA,他们将系统作为分析单元,认为 SA 分布在团队成员以及他们所使用的人工制品中。Stanton 等[9]在此基础上进一步提出了 DSA,该模型是目前在系统层面较为完善以及认可程度较高的模型之一,其以图式理论、知觉循环模型和分布式认知方法为理论基础,根据团队对信息的处理过程,将团队层面的任务分配到不同的团队个体中,不仅个体与个体之间存在沟通,个体与非个体之间也存在沟通,甚至非个体与非个体之间也存在沟通,如图 4.6 所示。

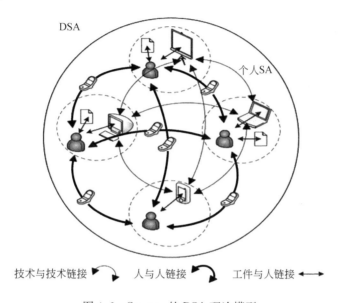

图 4.6   Stanton 的 DSA 理论模型

　　Stanton 等认为,系统内的每个代理在其他代理的 SA 开发和维护中都起着至关重要的作用。SA 较低的代理可以通过与其他代理的交互来增强自己的 SA。代理之间的这种交互对于维护整个网络和 DSA 都是至关重要的。

　　在图 4.6 中,系统中的数字资料由人类及非人类的代理(如计算机、文件、显示器等)所持有。一个代理所持有的信息可用于修改其他代理的信息,也可被其他代理所修改。例如,四个人类代理正在协作工作,但彼此分散。SA 信息的所有权最初在系统级别,即系统有效运行所需的 SA 由整个系统而不是某个特定代理持有。当需要时,这些信息在代理之间获得使用和传递,因此可以由网络中的代理共享(即同时使用)。每个代理使用人工制品(如桌面电脑、文档、笔记本电脑、显示器)为他们提供 DSA 信息,他们自己也保存 DSA 信息。

　　DSA 方法并不认为以个人为导向的视角是多余的;相反,它提供了一种在协作系统中研究和描述 SA 的替代且互补的方法。例如,将 DSA 方法扩展到 Endsley 的三层模型时,在协作系统中,部分个体负责感知任务,部分个体负责理解和预测任务,其他个体负责响应执行任务。DSA 方法不同于 SSA 方法,Stanton 等认为,SSA 意味着共同的需求和目的,而 DSA 则意味着不同但可能兼容的需求和目的。

团队 SA 模型与系统 SA 模型的主要区别在于将 SA 作为一种认知结构还是系统结构来对待。团队 SA 模型认为 SA 存在于个体的认知思维中,而系统 SA 模型却将 SA 视为一种自然属性或系统本身的产物。此外,团队 SA 模型适用于小规模以及中等规模的团队,对于这两类规模的团队,成员 SA 持有较多的重叠以及共享意识的部分,但是对大型团队则难以适用,因为在大型团队中,两个成员之间的 SA 可能不存在重叠部分。此时,采用系统 SA 模型则能够进行较好的描述与分析,我们可以根据团队中每个个体的不同角色进行归类,并且建立相应的连接网络。但是同样的,该模型并不适用于个体较少的团队,因为可能会出现将同一个体归结到三阶段模型的不同阶段的情况,此时采用 TSA 模型能够更加准确简洁地描述团队 SA。

4.3　团队情境意识的测量方法

在复杂动态系统中,如何提高 TSA 成为一个至关重要的问题,主要源于以下两点。一方面,动态变化的系统给决策者或操作者及时识别外部环境并进行持续分析带来巨大挑战,而正确的外部环境意识是正确决策的基础。研究表明,团队合作可以有效地减少个人的决策失误。另一方面,需要满足现实世界的应用需求,例如为复杂控制系统开发友好的用户界面,以及在动态环境中培训操作人员。

准确测量 TSA 是提高 TSA 的前提与基础。TSA 的测量方法总体上可以分为两类,基于团队过程推断测评技术和基于个体情境意识计算分析技术。前者主要为主观定性分析,后者为客观定量分析。

4.3.1　基于团队过程推断测评技术

TSA 的实现需要经过一系列的团队过程,包括团队行为、团队沟通与互动、团队协同等,通过评价上述过程可以实现对 TSA 的测量[10]。以下是常见的基于团队过程的 TSA 推断测评技术。

1. 专家评价法

专家评价法通过邀请领域专家,在自然观察、记录以及后期整理分析的基础上,依据团队交流过程的流畅性、存在问题与团队绩效等,针对团队表现进行打分以及评价,这个方法多见于航空机组以及军事团队等的评价与测量。在这种方法中,评价者一方面需要对团队完成任务的过程进行实时观察以及详细记录,之后根据需要对不同个体使用关键事件评估法等相关方法进行结构化访谈,由此获得团队和个体的一手采访资料;另一方面还需要评价者是该任务背景下的专家,熟知团队的标准操作流程以及相应的绩效标准,在此基础上还要对团队结构、团队沟通等内容有较为专业的了解。这种方法虽然能够很详细地针对团队的表现进行分析，但往往需要耗费大量的人力和物力，每次评价过程的时间较长，组织一次评价的成本也较高，无法大规模应用，难以满足对 TSA 快速、简便的测量要求[11]。

例如，在一些动态、高风险的作业环境中，早期的方法根据指挥和控制任务的绩效推断 TSA。Fowlkes 等[12]在对美国直升机机组人员的研究中，使用了一种基于观察到的行为来评估 TSA 的方法。在团队工作中，反映 TSA 的团队行为在执行特定的任务事件前被预先确定。然后，专家观察员根据团队合作场景中这些行为的存在与否对团队表现进行评分。这两种方法都具有不干扰任务的优点，但都仅能够基于观察到的行为或结果推断 TSA 所达到的程度。

2. CAST 方法

Gorman 等[13]在去中心化的团队研究中提出 CAST（coordinated awareness of situation by teams）测量方法。该方法的提出是基于对一些"情境意识丧失"的军事事件的回顾性分析，Gorman 等描述了其在分布式团队的模拟无人飞行器侦察实验中的应用。这种测量方法认为 TSA 的核心特征是针对环境的动态变化进行适应以完成团队目标，则在团队完成特定目标的过程中，如果人为引入意外变化与障碍，并记录分析团队为应对突发状况而产生的一系列行为（包括信息的收集、沟通与交流，最后的处理方法），就能够对团队的 TSA 进行评价。

CAST 测量方法相较于专家评价法，实施过程更加简便，同时能够评价 TSA 的更多维度，但是仍然存在方法本身的应用限制性较多的问题，例如仍然需要对团队的表现进行详细的记录，需要额外设置障碍以至于可能会影响团队本身任务的执行，以及由于任务不同而可能导致评价标准发生变化等。此外，该方法的提出是基于这样一个基本假设，即当团队面临"需要高适应性和团队层面及时的解决方案的罕见问题"时，TSA 会受到最大的挑战。因此，当遇到这样的"问题"（例如通信系统故障）时，TSA 将被有效评估。测量过程虽然不会影响团队绩效，但不适用于常规操作任务，因此该方法不具有较强的普适性。

3. 系统团队合作事件分析

一些研究者通过研究实现 TSA 的过程，将团队沟通与交互作为了解团队思维和互动方式的窗口。通过对团队交流进行分析来评估 TSA，所使用的方法包括网络模型分析[14]、时间序列分析[15]和潜在语义分析[16]。

在网络模型分析中，为克服分布式认知建模的挑战，Stanton 等设计的系统团队合作事件分析（event analysis of systemic teamwork，EAST）[17]是最具代表性的方法之一。EAST 的基本理念是复杂的协作系统可以通过网络的方法进行理解，包括任务网络、社交网络和信息网络。其中，任务网络描述了任务及其序列之间的关系；社交网络分析团队中不同代理（包括人类和非人类）之间的通信结构（关系）和通信（活动）；信息网络描述了不同代理在任务执行过程中使用和通信的信息。EAST 可以应用于所有的系统级别，包括微观级别（如个人、人机交互）、中观级别（如团队工作）和宏观级别（如整个组织）。

EAST 的初步构建需要来自多个数据源的输入，包括层次任务分析、关键决策方法、协调需求分析、通信使用图和操作顺序图等。在分析的每个层次上，都可以构建任务、社交和信息网络的三元组，因为每个网络都是分布在不同分析单元的认知系统。此外，EAST 的网络可以进行嵌套，例如将微观网络包含在中观网络中，中观网络包含在宏观网络中。因此，虽然网络可能会随分析的粒度而改变，但所采用的方法是一致的。EAST 方法捕获了分布式认知的关键方面，如多个代理（包括人类和非人类）之间、它们使用的信息之间和执行的任务之间的交互。Stanton 等对 EAST 进行了总结，认为该方法具有以下优点。首先，网络作为系统的一种表述，揭示了实体（任务、代理和信息）之间的关系，并克服了其他方法在时间与层次方面的约束。其次，EAST 可以用于分析目前存在的系统，也可以用于分析新的设计方法，从而可设计创建新的运营概念、新的团队和新的工作方式。最后，网络方法具有可扩展性和系统性，可以从定性和定量两方面加以分析。该方法已被成功应用于多个领域，包括航空事故分析、搜索和救援、空中交通管制、海军作战和军事指挥与控制。

除了上述三种典型的基于团队过程的 TSA 推断测评技术之外，Patrick 等[18]观察了控制室中的团队行为，并评估了团队过程在处理程序性干扰时的有效性。Hauland[19]使用眼动测量来评估空中交通管制员的注意力分配策略，作为推断 TSA 的一种手段。Salmon 等[20]关注团队成员和机器之间的交互，使用基于网络的分析来研究信息的交流。

虽然从研究团队沟通等用于实现 TSA 的过程中可以获得有价值的信息，但如果没有独立客观的方法衡量它们的有效性，最终很难确定这些过程对 TSA 的影响。尽管沟通和团队合作等因素对于形成良好的 TSA 很重要，但准确的 TSA 也可以在这些过程之外实现，例如团队成员通过直接从显示器或共享的环境中获取相同的信息，从而准确地共享对情境的理解。因此，基于团队过程的 TSA 测量技术可能并不全面。此外，（T)SA 在很大程度上（尤其是理解和预测层）与认知相关，这在典型的团队沟通与交互中难以清晰地呈现出来。

4.3.2 基于个体情境意识计算分析技术

基于个体情境意识计算分析技术直接评估团队成员的 SA，并使用它在团队成员之间或不同团队之间进行比较。SAGAT 对团队行动进行定期冻结，其间对每个团队成员的 SA 进行同步评估。然后，通过在同一时间点比较不同团队成员或子团队的 SA,用于确定由于团队方式或过程不充分而导致的问题。

Endsley[21] 对 24 项使用 SAGAT 评估 TSA 的研究进行了综述,总结了相关研究在评估 TSA 时所使用的多种方法,包括:① 基于整个团队的总 SA 或平均 SA 所形成的综合 TSA 得分(11 项研究);② 允许对 SA 测量做出团队协同响应(2 项研究);③ 基于团队成员对不同角色之间相关的信息元素的并发程度评估 SSA(或 SA 相似性)(14 项研究);④ 检查团队成员对彼此 SA 的了解程度(3 项研究);⑤ 确定不同团队成员或子团队 SA 之间的相关程度(6 项研究)。其中所涉及的关键内容概述如下。

(1) 综合 TSA(combined TSA)。Bolstad 和 Endsley 为参与大规模指挥和控制演习的不同团队创建了综合 TSA 得分,发现使用不同协同方式的团队之间存在显著差异。Gardner 等通过计算团队成员在 SAGAT 中 SA 的准确性,并将所有团队成员的得分相加,计算出综合 TSA 得分。Cooke 等在直升机模拟中创建了一个综合 TSA 得分,并表明它与团队知识准确性显著相关。Cooke 等表明综合 TSA 可以用于预测团队绩效,Crozier 等证明综合 TSA 与绩效相关。

(2) 协同 TSA(collaborative TSA)。一些研究人员在回答 SAGAT 问题时允许团队成员合作,而不是提供独立的分数,然后进行比较。该方法不支持在团队内部比较 SA,仅适用于在团队之间比较 SA 的情况。

(3) 共享 SA。Endsley 等建议直接比较不同团队成员 SA 测量中相同的部分,以获得 SSA 的测量值。两个团队成员的 SSA 测量值可能出现四种情况:都是正确的;一个团队成员正确,另一个错误;成员具有相同的错误;成员具有不同的错误。团队任意两成员之间的 SSA 得分都可以通过相关的 SAGAT 进行计算。应用该方法,Bonney 等的研究表明,团队绩效可以通过团队的 SSA 和共享的团队策略来预测。也有研究人员创建了综合 SSA 评分,例如,Bolstad 等通过将团队成员回答相同的所有问题定为 1,回答不同的所有问题定为 0,从而基于 SAGAT 创建了 SSA 相似度得分,衡量军事团队中成员的 SSA,并将团队的 SSA 得分与其物理距离、社交网络距离进行比较。

相比之下,Saner 等认为不存在 SSA,除非它也是准确的。因此,他们的 SSA 相似度指数是根据任意两个团队成员的 SSA 准确率来计算的。他们使用组织枢纽距离和团队成员的共享知识水平来共同预测 SSA。应该注意的是,这些方法在不同的 SA 测量中创建了一个合并的 SSA 得分。在 SA 指标的元分析中,Endsley 发现合并的 SAGAT 分数敏感性较低。

(4) 团队元 SA(team meta-SA)。一些研究人员评估了团队成员对自身 SA 水平了解的准确性以及对团队其他成员 SA 水平的认识程度。Sulistyawati 等区分了以下不同层次的需求:① SA 与自己的目标相关;② SA 需要支持其他团队成员的 SA;③ 准确了解自己的 SA 水平(元 SA);④ 了解团队其他成员的工作负荷和 SA 水平。他们发现,具有良好的 SA 的团队出现过度自信的可能性显著降低($r=0.85,p<0.01$),这表明那些具有良好 SA 团队的成员对于自己的认知也具有良好的元 SA。但是,对自身 SA 需求的了解准确性与对团队其他成员 SA 或工作负荷的了解不存在显著相关性。他们的研究发现,飞行员在估计其他机组乘员的SA 和工作负荷时普遍存在困难。

(5) SA 相关程度(SA correlation)。有研究者检查了不同团队成员或子团队的 SA 之间的相关性。例如,Sætrevik 和 Bolstad 研究了团队成员和团队领导者SA 之间的相关性。Sulistyawati 等发现了解自身需求 SA 与了解队友 SA 之间存在边际相关性($r=0.60,p=0.06$)。

上述关于 SAGAT 的研究表明,TSA 和 SSA 可以从 SAGAT 数据中通过开展计算分析获得,数据客观且具有较高的可靠性。这些方法提供了对 TSA 和 SSA的独立评估,以支持对其各种影响因素的研究,同时还提供了一个明确的结果衡量标准,以便与基于团队过程的 TSA 测量结果进行比较。

4.3.3　其他团队情境意识综合测量技术

1. 相互情境意识测量

Shu 和 Furuta[22]提出了相互情境意识(mutual situation awareness,MSA)的概念。使用 SAGAT 方法,在实验过程中随机暂停并要求参与者回答问题。问题包括参与者自己负责的职责部分和团队其他成员负责的职责部分,以参与者对其他成员负责部分的答题正确率作为 MSA 的指标,后来也被研究人员用于考察影响团队绩效的因素。这种方法较为客观,但局限性表现在仅考虑了团队中个体对他人任务的关注和认知状态,测量维度较为单一。此外,一些研究者借鉴该思路,基于 SART 量表进行修改,从注意资源需求量、注意资源的供应量、任务的理解程度三个维度对自己以及团队其他成员的表现分别评分,通过将得分平均来计算TSA。与 SAGAT 相比,该方法的优势是不具有侵入性。

2. TSART 量表

石玉生等[23]认为 TSA 评价需要结合团队研究的评价维度和情境意识的评价维度。研究从团队认知过程着手,分析团队模型,发现在团队知识和团队共享心智模型的研究中,有关团队的内容被划分为团队相关(teamwork)和任务相关(taskwork)两种。前者是指团队在个体交互、沟通、冲突、协作等方面的内容,后者则是指有关团队任务、个体角色、责任划分等方面的内容。Salmon 等[20]在分析TSA 时也提出可以从团队相关和任务相关的角度对 TSA 进行分析。基于团队研究的这两个维度,结合 Endsley 提出的 SA 三阶段模型,提取出 TSA 评价的三个方面,能够较为全面地反映团队成员的 TSA 状态,包括团队沟通、对团队其他成员状态的关注、对团队任务和其他成员任务的了解。TSA 的评价维度如图 4.7 所示。

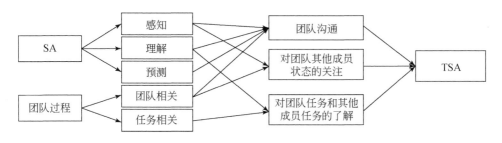

图 4.7　TSA 的评价维度

提出评价 TSA 的两维度三方面之后,借鉴 SART 方法,并参照有关量表的研究形成初步的 15 问题量表,每个方面各 5 道题,采用 8 点利克特量表进行评价。通过对不同任务难度下的量表得分进行分析,删除 6 道题,最终保留了 9 道题。对最终的 TSART(team situation awareness rating technique)量表进行复测,并采用 SAGAT 方法和眼动测量作为参考,验证了 TSART 量表具有较好的信度和效度,说明了评价 TSA 的两维度三方面方法的可行性,为之后的 TSA 评价提供了一种较为简便快速的评价思路和测量方法,可应用于信息显示设计评价、团队任务培训等领域。

3. 其他方法

作为对 SAGAT 方法的补充,Kirlik 等基于统计建模中的判别分析方法将 SA 分解为七个独立可测量的部分,以用于工程分析和设计,具体包括环境的可预测性、信息系统的保真度、知识、信息获取的一致性、信息处理的一致性、回归偏差、基准率偏差。该方法与 Endsley 的 SAGAT 方法是互补的。更具体地说,使用 SAGAT 或类似的方法来选择 SA 测量中要分析的判别指标集,结合判别分析方法分析结果数据,从而获得对 SA 的评估,而不仅仅是通过 SAGAT 的准确率来评估。

早期的 TSA 研究都是通过定性分析的方法进行的,定性方法通常无法满足 TSA 测量准确性的要求。因此,研究者又提出了基于统计模型和推理模型的定量方法。这些定量方法有一个共同的缺点,即它们完全用数值取代定性信息。精确的数值虽然很容易嵌入模型,但代价是缺乏有意义的定性信息。Ma 和 Zhang[24] 提出了一种综合考虑定性信息和定量信息的 TSA 测量(TSA measurement, TSAM)方法。TSAM 方法采用层次结构描述团队的共享心智模型,采用语义术语描述个体 SA,基于组聚合策略通过指定指标的蕴涵算子与聚合算子对个体 SA

进行整合,从而生成 TSA,并通过决策软件中的实例验证了其有效性。

　　TSA 的测量意义主要表现在以下方面。首先,TSA 的测量使得团队获取与复杂技能或任务绩效相关的一些潜在因素,在评估团队绩效方面是有价值的。其次,通过对 TSA 的测量与理解,能够设计和培训针对团队绩效的认知基础。测量 TSA 和预测团队绩效的能力对于评估培训计划的进展和培训期间的需求具有深远的影响。最后,了解团队绩效背后的 TSA 作用对开发设计技术辅助工具具有启示意义,从而不仅可以在训练中提高团队绩效,更重要的是,可以在实际任务环境中提高团队绩效。

4.4　团队情境意识的研究案例

4.4.1　机组协作与任务复杂度对情境意识的影响

　　异常飞行情境下飞行员情境意识面临下降风险,机组协作对飞行员情境意识的支持效度也有待于进一步检验。本节案例研究采用 20 个双人模拟机组,基于含有突发事件处置的模拟下降飞行实验,开展了任务复杂度因素和机组协作因素对作业人员情境意识影响研究。实验采用被试内双因素重复测量设计,其中,任务复杂度包括执行计划飞行(低任务复杂度)和变更计划飞行(高任务复杂度)两个水平;机组协作包括无机组协作(单人操作模式)和有机组协作(机组协作模式)两个水平。综合采用主观评估测量(3-D SART 量表)、行为绩效测量(操作准确性)与眼动测量方法(平均注视时长和平均瞳孔直径)测评作业人员的情境意识(包括感知能力和理解预测能力)。

　　结果表明,在高任务复杂度条件下,作业人员情境意识出现显著下降,注意资源供需由平衡态转为供不应求。机组协作可以显著提高作业人员的感知能力,并且可有效缓解在高任务复杂度条件下作业人员为维持情境意识而付出的视觉搜索努力;然而,机组协作对作业人员理解预测能力的促进作用并不总是有效的,会随任务复杂度上升而受到抑制。研究结果提示,为提高飞行员对异常飞行情境的适应能力,在驾驶舱设计中应采取必要措施(如增设驾驶舱决策辅助)以提高飞行员注意资源供需平衡的维持能力,在机组训练中应重点优化协作对飞行员理解预测能力的改善作用。

1.研究背景与研究目的

　　与常规飞行情境相比,在异常飞行情境下,飞行员需要快速且恰当地响应意外突发事件,这对飞行员的情境意识提出了更高的要求。相关研究表明,异常飞行情境下,飞行任务复杂度因意外突发事件(如机械故障、突发警情、强对流天气、低能见度等)而增加,飞行机组可能会被迫中断执行原任务计划,并基于新情境更新行动方案。这一认知重构和目标重建的决策过程将给飞行员带来更高的时间压力和工作负荷,也给飞行员的注意资源分配策略带来更多挑战,使得飞行员的 SA 面临下降风险,进而影响飞行安全。

作为一项增强异常飞行情境适应能力的重要措施,机组协作在驾驶舱决策中起到传递信息与知识、协调机组成员间任务分配的重要作用,因而常被视为改善飞行员情境意识的一个重要途径。机组协作通常以沟通的方式使得机组成员开展信息与知识共享,相互参与彼此的信息加工过程,进而作用于机组成员情境意识的形成,从而影响机组决策的效率和结果。机组协作的积极作用已在相关研究中得到较为充分的认识,如促进人机功能动态合理分配、保障共享飞行信息的完整性、改善机组绩效和提高决策效率等。然而,随着越来越多的无效沟通行为在驾驶事故分析中被发现,机组协作的消极作用也开始被讨论和重视。相关研究表明,尽管机组协作具有自然交互、体力需求低等优势,但受机组协作类型、共享信息的透明性和可解释性、机组沟通内容与飞行情境内容间的匹配性等因素的影响,机组协作也有可能引发飞行员信息过载、压力升高、产生心理应激等问题,进而抑制飞行员情境意识和作业绩效。

为进一步探究异常飞行情境下情境意识削弱的内在动因,验证机组协作对不同情境任务内容(如信息感知和情境预测)中的情境意识的影响,本节案例开展了模拟飞行实验研究,以期为旨在改善异常飞行情境下飞行员情境意识的驾驶舱设计和机组协作优化提供理论依据。

2. 研究方法

1) 实验仪器设备

本实验基于北京航空航天大学航空科学与工程学院人机工效实验室的模拟飞行平台实施(图 4.8)。该平台可提供完整的飞机驾驶舱-飞行员人机交互界面,包括主飞行界面、导航界面、发动机状态显示界面、节流阀襟翼控制台和自动飞行控制面板,可实现典型的全包线模拟飞行功能(如起飞、爬升、巡航、下降、进近、着陆等)。该平台具备飞行数据记录功能,可记录被试的俯仰、滚转、偏航、节流阀调节、襟翼调节等操作记录,以及飞行轨迹数据,如速度、高度、航向、经度、纬度等。此外,考虑到眼动行为可反映认知过程中的注意资源分配策略,并可对情境的感知和理解起引导作用,本实验采用了可穿戴式眼动仪 Tobii Pro Glasses 2(瑞典 Tobii公司)记录分析被试的眼动行为,作为情境意识的生理测量指标。

2) 被试

共招募 40 名被试($M=24.20$ 岁,$SD=0.30$ 岁;性别:男性 30 人,女性 10 人)参与模拟飞行实验,所有被试均来自北京航空航天大学航空科学与工程学院,具有

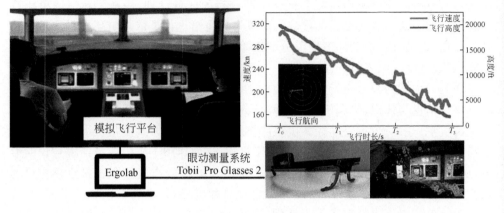

图 4.8　模拟飞行平台与眼动测量分析系统

1kn=1.852km/h,1ft=3.048×10^{-1}m

良好的航空知识背景和充分的模拟飞行操作培训经验。全部被试被随机分为 20 个模拟机组,每个模拟机组 2 名成员,分别模拟承担操作飞行员和监视飞行员的角色任务。所有被试视力或矫正视力正常,无色盲色弱,听力正常。被试在实验正式开始前签署知情同意书。

3) 实验变量与任务设计

本研究采用被试内双因素重复测量设计,其中,因素 1 任务复杂度包括执行计划飞行(低任务复杂度)和变更计划飞行(高任务复杂度)两个水平;因素 2 机组协作包括无机组协作(单人操作模式)和有机组协作(机组协作模式)两个水平。

对于任务复杂度设计,如图 4.9 所示,低任务复杂度条件旨在模拟执行既定计划的常规飞行情境。在该任务中,模拟机组根据预先制订的下降剖面任务计划完成下降,在飞行任务中参照任务计划中的建议行动方案在预设时间节点完成相应下降操作。总下降时长 12min,任务计划指示了各时间节点处的目标速度和高度,并建议保持固定下降率(descent rate,DR)在 1500ft/min。高任务复杂度条件旨在模拟处置意外情况、时间资源有限的异常飞行情境。在该任务中,在保持总飞行时长 12min 不变的情况下额外设置先执行水平盘旋绕飞这一计划外任务;随后,模拟机组需在更短的下降时长(9min)内完成从相同下降顶点到进近高度的下降,并自行决定各个时间节点的目标速度和高度,允许根据需要实时调节下降率,要求下降率绝对值不超过阈值 3000ft/min。

飞行界面所显示的速度、高度和航向指示了当前飞行状态,而下降率则表征了当前飞行状态和目标飞行状态之间随时间的变化率。模拟机组既要对当前飞行状态进行感知,也要基于当前下降率对短期未来飞行状态进行理解预测,结合时间资源约束,为成功在时间节点前达到相应目标飞行状态而实时调整速度、高度和航

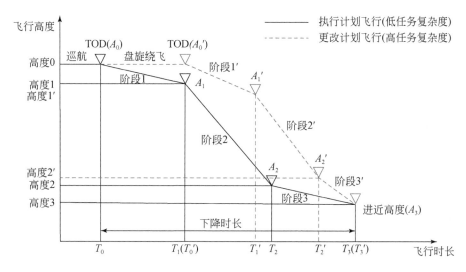

图 4.9　不同任务复杂度条件下的模拟下降任务剖面
TOD(top of descent)代表下降顶点

向,并同时调节俯仰/滚转姿态、襟翼和节流阀。因此,在本研究中,由于对速度、高度和航向的监视控制以对飞行状态的信息感知为主,故将其记为感知类任务;由于对下降率的监视控制以对飞行状态的理解预测为主,故将其记为理解预测类任务。

对于机组协作设计,在单人操作模式下,操作飞行员独立完成下降任务,监视飞行员不提供任何沟通和协助。在机组协作模式下,操作飞行员可以与监视飞行员开展沟通和协作,获取其分享的信息和知识,以及操作行为协助。机组协作在自然主义场景下进行,包括下述要求:协作涉及内容仅与模拟飞行任务有关,不涉及其他无关内容;协作时机、频次均由模拟机组成员根据任务需要自行决定。

4) 测量方法

主观测量方法。采用了三维度情境意识评价量表(3-D SART),作为一种常用测量方法,3-D SART 量表具有使用便捷、测量有效性良好等优点。该量表包含注意资源需求量、注意资源供给量、情境理解程度三个维度,情境意识评分是后两个维度评分之和与第一个维度评分的差。此外,本研究将注意资源供给量与需求量的差值计为注意资源富裕度,表征注意资源供需之间的平衡程度,该值为正表示注意资源供大于求,为负表示供不应求,等于或接近零值表示供需平衡。

操作绩效测量方法。尽管部分研究认为飞行员情境意识和操作绩效之间存在复杂且不明确的关联,但飞行员情境意识和操作绩效之间的非线性关系已被初步证实。因此,行为绩效作为一种反映情境意识状态的行为指标,对其的测量是一种常用的情境意识间接测量方法。在本研究中,模拟飞行平台以每秒 1 次的刷新频率记录实验中被试的实际飞行轨迹(actual flightpath)。此外,设置了一条斜率由飞行姿态改变量与下降时长的比值确定的理想飞行轨迹(ideal flightpath),用于模拟自动飞行模式下由机载飞行管理系统确定的下降剖面。

考虑到实际飞行轨迹与理想飞行轨迹之间的偏差比较,可以反映以自动飞行模式下的下降剖面为基线的模拟机组手动操作水平,因此本研究定义该偏差越小,则表明模拟机组的操作准确性越高。操作准确性由平均绝对误差(mean absolute error,MAE)和平均相对误差(mean relative error,MRE)进行表征,反映实际飞行轨迹和理想飞行轨迹之间的偏差程度,MAE 和 MRE 值越小表示操作准确性越高。其计算方法分别如式(4.4)和式(4.5)所示,式中,X 表示速度、高度、航向或下降率,i 表示下降过程中的任一秒,N 表示下降总时长。其中,对于下降率,将下降率阈值(3000ft/min)作为基线,与实际飞行轨迹中出现的下降率极值绝对值进行比较。

$$\text{MAE} = \frac{1}{N} \sum_{i=1}^{N} |X_{\text{actual}} - X_{\text{ideal}}|_i \tag{4.4}$$

$$\text{MRE} = \frac{1}{N} \sum_{i=1}^{N} |(X_{\text{actual}} - X_{\text{ideal}})/X_{\text{ideal}}|_i \tag{4.5}$$

眼动测量方法。现有研究表明,眼动行为是一种可有效反映情境意识的生理行为。例如,平均注视时长表示作业人员在特定人机交互界面区域单次停留的平均时长,可反映作业人员对某一区域内特定信息的视觉搜索效率,通常该值越小表明视觉搜索效率越高、情境意识水平越高;平均瞳孔直径表示被试左右眼瞳孔直径的平均值,反映作业人员视觉搜索的努力程度,通常该值越大表明为维持情境意识被试所付出的视觉搜索努力越高。本研究中记录了这两项与情境意识有关的眼动行为测量指标。

5) 实验实施流程

实验前,所有模拟机组均参加模拟飞行平台操作训练以满足实验要求。一方面,模拟机组先通过自动飞行模式的下降熟悉由机载计算机系统制定的下降剖面特征,再练习手动下降,直至获得熟练的操作经验。训练的重点内容是同时操控手持设备(推力杆、襟翼、转向杆、方向盘),以获得同步调整高度、速度、航向和下降率的能力。另一方面,各模拟机组开展成员间沟通协作,以使机组成员具备满足实验要求的沟通协作能力。通过操作能力和协作能力的充分训练,各模拟机组可有效完成手动下降任务。

实验中,模拟机组被要求努力以稳定的变化率改变高度、速度和航向,使飞行姿态符合既有或临时制定的下降剖面任务计划的要求。各模拟机组均在四个实验条件下(低任务复杂度/单人操作模式,低任务复杂度/机组协作模式,高任务复杂度/单人操作模式,高任务复杂度/机组协作模式)完成下降任务,各实验条件顺序在所有模拟机组间进行交叉平衡。每次下降任务开始前,模拟机组需正确佩戴眼动仪,并在实验组织人员协助下完成校标等工作;每次下降任务结束后,模拟机组休息 10min,其间操作飞行员填写 3-D SART 量表。

3. 实验结果与讨论

基于 IBM SPSS(Version 23)进行实验数据统计分析。采用 Shapiro-Wilk's test 检验所测因变量是否服从正态分布,若 $p>0.05$ 则正态性被证实。采用双因素重复测量方差分析,并进行球形假设检验(Mauchly's test of sphericity),当球形假设不满足时($p<0.05$),选择 Greenhouse-Geisser test 校正自由度和 p 值。采用 Bonferroni 校正进行事后检验(post-hoc multiple comparisons)。

1) 主观评价量表分析结果

如图 4.10 所示,实验变量任务复杂度和机组协作对操作飞行员的情境意识评分均有显著主效应($F=4.951,p=0.038,\eta^2=0.207;F=4.785,p=0.041,\eta^2=0.201$),情境意识评分随任务复杂度增加而下降 17%,随机组协作的引入而提高 30%。未发现显著的交互作用($p>0.05$)。对 3-D SART 子维度的进一步分析显示,任务复杂度对注意资源需求量和注意资源富裕度具有显著的主效应($F=$

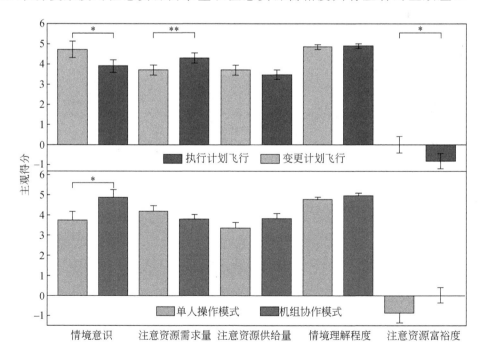

图 4.10　3-D SART 主观量表的方差分析统计结果

12.106，$p=0.003$，$\eta^2=0.389$；$F=7.257$，$p=0.014$，$\eta^2=0.276$），二者分别随任务复杂度上升而增加 16% 和下降 83%。特别地，注意资源富裕度由低任务复杂度条件下的零值（即注意资源供需平衡）转变为高任务复杂度条件下的负值（即供需失衡、供不应求）。

2）操作绩效分析结果

对于感知类任务操作绩效，在高任务复杂度条件下，操作飞行员速度和航向的操作准确性下降。如图 4.11 所示，对于速度操作的 MAE 和 MRE，高任务复杂度条件下的 MAE 分别增加 19%（$F=4.445$，$p=0.049$，偏 $\eta^2=0.198$）和 22%（$F=5.359$，$p=0.033$，偏 $\eta^2=0.229$）。航向操作的 MRE 在高任务复杂度条件下出现显著增加，增加了 254%（$F=46.470$，$p<0.001$，偏 $\eta^2=0.721$）。此外，相比于单人操作模式，引入机组协作后，操作飞行员的航向控制的准确性得到改善。在机组协作模式下，航向控制的 MAE 减少 33%（$F=4.705$，$p=0.044$，偏 $\eta^2=0.207$）。

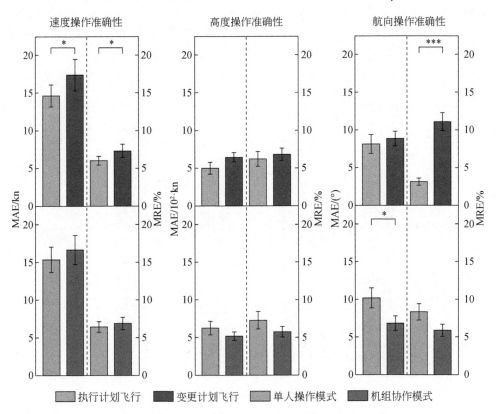

图 4.11　感知类任务操作绩效的方差分析统计结果

$* \ p<0.05$，$** \ p<0.01$，$*** \ p<0.001$

对于理解预测类任务操作绩效,发现两个实验自变量对于下降率操作准确性的显著交互效应($F=5.000$,$p=0.038$,偏 $\eta^2=0.217$),如图 4.12 所示。进一步的简单效应分析表明,在双人机组模式下,随着任务复杂度上升,下降率极值的绝对值的 MAE 和 MRE 均大幅增加 72%($F=9.261$,$p=0.007$,偏 $\eta^2=0.340$)。此外,在低任务复杂度下,机组协作的引入可使得下降率极值的绝对值的 MAE 和 MRE 均显著减少 29%($F=4.405$,$p=0.050$,偏 $\eta^2=0.197$)。未发现实验自变量的其他显著效应($p>0.05$)。

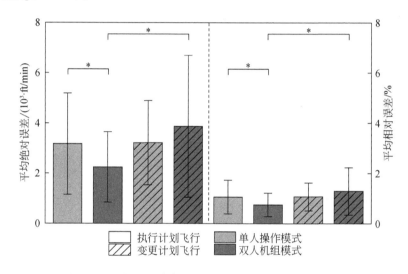

图 4.12 理解预测类任务操作绩效的方差分析统计结果

3) 眼动测量指标分析结果

观察到两个实验自变量对操作飞行员平均瞳孔直径的显著交互效应($F=5.432$,$p=0.031$,偏 $\eta^2=0.222$)。进一步的简单效应分析表明,在单人操作模式下,高任务复杂度条件下操作飞行员的平均瞳孔直径比简单任务条件更大,小幅增加 2%($F=10.550$,$p=0.004$,偏 $\eta^2=0.357$),而在机组协作模式下,两种任务复杂度条件下的平均瞳孔直径并无显著差异。对于平均注视时长,未发现实验自变量的显著效应($p>0.05$)。

4. 关于结果的讨论

1) **任务复杂度对情境意识的影响**

相比于低任务复杂度条件,高任务复杂度条件下操作飞行员的情境意识和操作绩效均出现显著下降。3-D SART 量表结果显示,随着任务复杂度增加,操作飞行员的注意资源需求量增加,注意资源供给量和情境理解程度并未随之显著增加,而注意资源富裕度和情境意识则显著下降。此外,操作准确性也随任务复杂度增加而下降。

在本实验中,伴随突发事件(飞行计划临时变更)的引入,模拟机组完成下降任务的时间压力增加,而自行决策相应的目标高度、目标速度和下降率使得注意资源需求大幅上升,进而引发注意资源供需失衡、供不应求,这很可能是高任务复杂度条件下情境意识下降的内在动因。相关研究指出,改善异常任务情境下操作人员情境意识的一个可行策略是尽量减少或缓解决策对认知资源的需求程度,例如增设智能规划辅助工具,提供关于异常任务情境的解释或直接解决方案等。此外,为应对异常飞行情境,在飞行员训练中可加强认知适应能力训练,以改善作业绩效。

2) 团队协作对情境意识的影响

3-D SART 量表分析结果表明,无论是在低任务复杂度或高任务复杂度条件下,引入机组协作均可以显著改善操作飞行员的情境意识,其中,对于注意资源供给和注意资源富裕度的改善虽不显著,但也呈现上升趋势。眼动测量指标分析结果显示,不同于单人操作模式,在机组协作模式下,两种任务复杂度条件下的操作飞行员的平均瞳孔直径并无显著差异,表明机组协作可以有效降低操作飞行员在高任务复杂度条件下为维持情境意识而付出的视觉搜索努力。

对于感知类任务的操作绩效,分析结果显示引入机组协作可以显著改善航向的操作准确性,速度和高度的操作准确性也呈现了上升趋势。然而,对于理解预测类任务的操作绩效,一方面,相比于单人操作模式,机组协作可以改善操作飞行员在低任务复杂度条件下的下降率操作准确性,但这一积极作用在高任务复杂度条件下并不显著,表明机组协作的积极作用在高任务复杂度条件下受到了抑制;另一方面,单人操作模式下操作飞行员的下降率操作准确性不随任务复杂度上升而变化,而在机组协作模式下,下降率操作准确性会随任务复杂度增加而下降,这表明在机组协作模式下,操作飞行员对个体信息加工和机组信息知识共享整合的充分性和有效性可能也受到了高任务复杂度的抑制,进而削弱了操作飞行员在高任务复杂度条件下的理解预测能力。

相关研究表明,尽管共享知识和有效沟通对团队绩效具有促进作用,但团队成员为应对突发意外事件而被迫更新计划时,沟通的促进作用可能是有限的。从个体认知角度来看,团队沟通使得团队成员可彼此直接为对方提供已加工的信息和知识,但也会增加自身的注意资源和记忆消耗,给个体成员的认知重构带来更高成本。从团队过程角度来看,受外部突发异常事件影响,内部的团队过程会发生动态变化,例如随时间变化的共享心智模式、交互记忆,弹性的决策循环(情境评估-计划制订-计划执行-团队学习)等,同样会对团队成员认知能力和适应能力提出更高要求。因此,机组协作作为一项适应异常飞行情境的努力,对机组成员情境意识和操作绩效并不总能起到促进作用。本研究中速度、高度和航向的监控任务以信息感知为主,机组成员间的信息共享可对操作飞行员的感知能力起到直接、有效的支持作用;而下降率是关系当前和未来飞行状态控制的关键决策信息,对机组成员的理解预测能力提出了更高要求,从而使得机组协作对操作飞行员理解预测能力的积极作用会受到任务复杂度的约束。

　　3) 研究局限性

　　本研究存在一定局限性。实验采用了非飞行员被试,尽管模拟机组在实验前接受了充分的操作和协作培训,但其对动态情境和复杂信息的决策能力和协同能力仍可能存在一定不足,这可能会限制机组成员间的知识共享效率。相关研究建议,在优化机组协作训练中,应当重视改善知识组织形式和知识共享效率,降低机组成员认知框架重构的成本。在未来工作中,引入飞行员被试,并结合更复杂的异常飞行情境(如处置发动机故障、自动系统故障、恶劣气象条件等),是进一步探究复杂任务条件下飞行员情境意识变化规律、揭示机组协作因素对飞行员情境意识影响机制的重要努力方向。

　　5. 实验结论

　　(1)在处置突发事件的复杂任务条件下,作业人员情境意识存在显著的下降风险,而注意资源供需失衡、供不应求是情境意识下降的内在动因。这提示应将提高注意资源供需平衡的维持能力作为改善飞行员情境意识、加强飞行员对异常飞行情境适应能力的一项重要驾驶舱设计原则。

　　(2)机组协作可以改善作业人员的情境意识,并且可有效缓解作业人员在复杂任务条件下为维持情境意识而付出的视觉搜索努力。

　　(3)机组协作的积极作用并不总是有效的,机组协作可有条件地对作业人员理解预测能力起到支持作用,该作用可能会因任务复杂度上升而受到抑制。因此,建议将强化机组协作对复杂任务条件下飞行员理解预测能力的促进作用作为改善飞行员情境意识、提高飞行员对异常飞行情境适应能力的一项重要训练原则。

4.4.2　面向协作任务绩效提升的团队沟通行为优化

　　为提出面向船舶班组协作任务绩效提升的团队沟通行为优化方法,本节案例选取船舶班组典型协作任务,基于船舶班组协作任务仿真平台,招募 84 名被试共计 21 个班组开展协同作业实验,通过高清摄像头和专家观察记录团队成员沟通行为。以团队协作任务完成时间作为绩效评估指标划分高、低任务绩效组,通过独立样本 T 检验对分组结果进行验证,并采用社交网络指标和沟通编码指标对团队沟通行为进行量化表征与统计分析[25]。

　　实验结果表明:高任务绩效组在团队协作任务完成时间上显著低于低任务绩效组,任务绩效分组结果有效;高、低任务绩效组在沟通结构与沟通内容上存在显著差异,与低任务绩效组相比,高任务绩效组表现出高密度且分散的沟通结构特征,以及强感知、深理解、多预测的沟通内容特征,具备更优的综合态势感知能力。本节案例通过结合运用社交网络分析和沟通编码分析方法,在全局沟通分布、节点沟通流向、具体沟通内容三个层次上,实现对团队沟通行为的量化表征,提出团队沟通行为优化策略,从而可为改善船舶班组协同作业绩效、提升任务综合效能提供理论依据与数据支撑。

1. 研究背景与研究目的

国际海事组织(International Maritime Organization,IMO)对海难事故的调查统计显示,约 80％的船舶事故由人为因素引起,常见事故包括碰撞触礁、深海断崖、破损进水等,其中,船舶操控班组的团队沟通不当是发生事故的直接或间接原因之一。团队沟通行为是指两名或两名以上的团队成员通过语言或其他形式进行信息交换,易受任务特征、装备特征、团队特征、环境特征等因素的影响。早期研究人员多通过焦点小组访谈、录像观察等方法定性研究团队沟通行为,但人员沟通数据具有信息量大、关系复杂、非结构化等特点,使得团队沟通行为的量化表征与优化设计一直是团队协作研究的难点之一。

团队沟通行为分析主要包括团队沟通结构分析以及团队沟通内容分析两个方面。其中,在团队沟通结构分析方面,社交网络分析法(social network analysis,SNA)是一种较为典型的沟通结构量化方法,其将个体、群体等社会单位抽象为节点,将社会单位之间的关系如沟通频率抽象为节点间的连线,通过中心度等社交网络指标实现沟通结构的量化描述,目前被广泛应用于空中交通管制、铁路维护、潜艇控制室优化等民用和军用领域。典型的团队沟通内容分析方法包括通信序列分析、语音行为编码、词频分析等,目前上述方法主要在核电领域获得了较为广泛的应用。

现有团队沟通行为的量化分析方法多从特定单纯角度分析团队沟通行为,并在系统可靠性、人员配置、培训干预等方面采取了一系列优化措施。然而,现有研究仍存在有待进一步完善之处,例如,社交网络分析法采用密度、中心度、介数等作为量化指标,虽然可以有效分析团队沟通中的信息流向、沟通频次分布等结构性特征,却难以与任务绩效建立直接关联,而良好的团队任务绩效往往是高效团队协作的表现,也是优化团队沟通行为的目的所在。此外,相关研究表明,团队沟通内容与团队任务绩效显著相关,高质量内容的沟通能够促使团队成员快速准确收集任务相关信息,但现有研究在具体沟通内容的编码方案设计以及沟通内容特征提取方面所开展的工作较为有限。因此,如何将沟通结构与沟通内容结合起来实现团队沟通行为的量化表征与优化设计,以最终用于团队协作任务绩效的提升仍需要进一步的探究。

　　针对上述需求,本节案例面向典型船舶班组作业任务,通过开展船舶班组协同作业模拟实验,综合运用基于社交网络分析和沟通编码分析相结合的团队沟通行为量化表征方法,研究高、低任务绩效组条件下的团队沟通行为在全局沟通分布、节点沟通流向、具体沟通内容方面的差异化特征,从而为从优化团队沟通特征角度出发提高团队协作任务绩效,以及针对关键协作流程改善团队训练方案提供理论依据与技术方法。

　　2. 研究方法

　　1) 被试

　　本节案例共招募成年被试 84 人,分为 21 个班组,每组 4 人,其中男性 67 人,女性 17 人,年龄在 19～26 岁之间($M=22.7$ 岁,$SD=1.89$ 岁)。所有被试在实验前接受充分的船舶仿真协作任务培训,确保达到实验任务考核标准。所有被试身体健康状况良好,右利手,无色弱色盲问题,无听力障碍,视力或矫正视力正常,实验前一天休息良好。所有被试在正式实验前接受实验培训并签署书面知情同意书。

　　2) 实验仪器设备

　　本节案例基于船舶团队关键岗位协作任务仿真平台完成实验任务设计及实验实施。该协作任务仿真平台包括主控台以及四台对应声呐、船长、航海长、舵手四个岗位任务仿真的计算机,其系统结构由主控系统、任务仿真系统以及后台实时数据记录系统三部分构成。其中,主控系统用于选择团队协作任务类型以及设置任务初始化参数;任务仿真系统通过控制模拟组件、显控一体化终端实现协作任务仿真,以及通过控制通信组件和信息终端软件系统实现岗位之间的信息交互;实时数据记录系统由多个后台信息终端记录模块组成,负责收集并记录协作班组的人机交互行为和人人交互行为,包括协作任务各任务节点完成时间、各岗位操作人员的动作行为和通信音频。需要说明的是,为减少本研究中实验数据的采集误差,实验平台通过主控系统进行校准,确保四台任务仿真计算机同时开始任务并在系统设置的任务结束时间同时退出系统,避免因主试个人操作不当导致团队协作任务完成时间的计算误差。

　　3) 实验任务设计

　　本节案例通过开展船舶团队协作任务实地调研,提取关键岗位任务及其团队协作特征,面向三种典型航海任务场景,模拟了由一个班组的声呐、航海长、船长和舵手四名岗位人员协作完成的完整任务流程,不同任务场景中的关键岗位协作任务设计如下:

　　(1) 对于第一个实验任务,模拟由声呐岗位负责探测新增目标,并触发由声呐、船长、航海长、舵手岗位根据其岗位特点而协作完成的听音判别、位置判断及标绘或水位调整等一系列子任务。

（2）对于第二个实验任务，模拟由舵手控制平衡水位时突发舱内破损进水，并触发由舵手、声呐、船长、航海长岗位根据其岗位特点而协作完成的查询应急上浮位置、查询海区危险目标以及地形状况判断等一系列子任务。

（3）对于第三个实验任务，模拟由航海长执行任务中发现可能遭遇危险海域，并触发由航海长、舵手、声呐、船长岗位根据其岗位特点而协作完成的查询危险海域位置、可转移的各海域安全性、转移方案决策等一系列子任务。

4）实验设计与流程

本节案例实验包括实验培训和正式实验两个阶段。实验培训需确保被试对实验任务熟练掌握并能够进行团队协作，具体分为两个环节并制定相应的考核标准，根据考核成绩划分为不合格、合格、优秀三个级别。在环节一，被试根据实验任务指导书充分熟悉协作任务仿真平台与实验任务，并要求在上岗考核测试中获得合格或以上的等级；在环节二，被试在协作任务仿真平台上完成团队协作任务，并要求在训练考核测试中获得优秀等级。正式实验采用完全被试内设计，即每组被试均需要完成三种实验任务场景下的团队协作任务，场景的触发顺序在各班组之间交叉平衡。一次完整实验任务的执行时长约为12min，根据每组团队协作状态不同存在一定差异。

5）实验数据采集

本节案例采集的实验数据包括软件后台记录的协作任务完成时间、主试在实验期间执行的观察记录及各团队执行协作任务的视频和音频材料。实验结束后由2名熟悉实验任务流程的观察员采用讯飞语记3.0软件对团队之间的语音沟通行为进行文字转录，转录内容包括信息发起者、信息接收者和信息传递内容。转录要求包括：①确保转录的语音沟通内容与团队协作任务相关；②明确信息发起者传达信息的对象；③补充口语化表达上的省略语。

6）实验方法与指标

本节案例采用作业绩效测量作为被试分组方法，并综合采用社交网络分析与沟通编码分析方法对团队沟通行为进行量化表征。其中，社交网络指标包括全局社交网络指标和节点社交网络指标，其具体定义分别如表4.1和表4.2所示。此外，本研究基于沟通认知模型，结合实验任务特征分析及驱动沟通原因分析，对沟通内容进行分类和定义，形成了包括"命令""呼叫""问询""判断""预知""建议""回复"七类沟通编码指标的沟通编码方案，沟通编码指标的具体判断流程如图4.13所示。

表 4.1　全局社交网络指标定义

指标	定义
节点	网络中的实体数量（本研究中实体为各岗位人员）

续表

指标	定义
边	连接实体的关系数量(本研究中关系数量为各岗位人员的沟通)
密度	观察到的关系数量在所有可能的关系数量中的占比
凝聚力	网络中成对的关系数量在所有可能的关系数量中的占比
直径	从网络的一侧到另一侧所需要的关系数量最大值

表 4.2　节点社交网络指标定义

指标	定义	计算模型
排放量	网络节点发射的边数量	x_{ij}(节点 i 发射到节点 j 的边数量)
接收量	网络节点接收的边数量	x_{ji}(节点 i 接收到节点 j 的边数量)
社交状态	某节点相对于网络所有其他节点的接收边数与发射边数之和	$\text{Sta}(i) = \dfrac{1}{g-1} \sum\limits_{j=1}^{g} (x_{ij} + x_{ji})$,$g$ 为节点数量
中心度	网络中所有距离的总和除以往返节点的所有距离之和	$\text{Cen}(i) = \dfrac{\sum\limits_{i-1,j-1}^{g} s_{ij}}{\sum\limits_{j=1}^{g} (s_{ij} + s_{ji})}$,$s_{ij}$ 为节点 i 到节点 j 的最短距离
接近度	网络中节点与节点之间最短距离的倒数	$\text{Clo}(i) = \dfrac{g-1}{\sum\limits_{j=1}^{g} s_{ij}}$
介数	节点位于其他节点之间最短路径上的次数	$\text{Bet}(k) = \sum\limits_{i=1,j=1;i \neq j,i \neq k,j \neq k}^{g} \dfrac{\text{GPaths}_{i \to k \to j}}{\text{GPaths}_{i \to j}}$,$\text{GPaths}_{i \to j}$ 为节点 i 到节点 j 的最短路径

3. 实验结果

本节案例基于 SPSS Statistics 26.0 软件进行统计学分析,包括应用独立样本 T 检验对任务绩效分组结果进行验证,并对比分析高、低任务绩效组条件下的全局社交网络、节点社交网络以及具体沟通内容。统计检验采用 0.05 置信度。

1) 绩效分组结果

依据本节案例要求,所有被试团队均需在保证准确操作的前提下完成全部任务场景下的操作,且各任务操作为串行序列设计,因此,本研究选取团队协作任务完成时间指标作为划分高、低任务绩效组的依据,协作任务完成时间越短的团队任务绩效越好。引入相关研究对于高、低任务绩效组的划分方法,根据协作任务时间由长到短对全部团队进行排序,然后取前 1/3 协作任务时间最长的团队作为低任

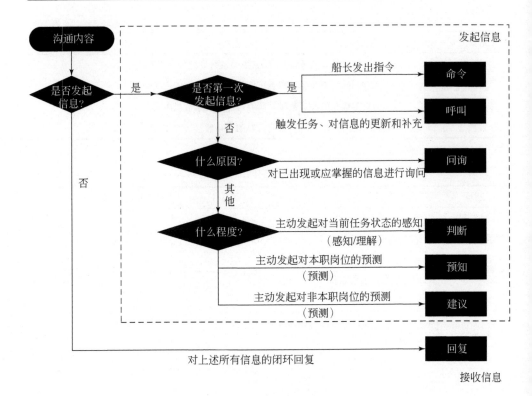

图 4.13　沟通编码指标判断流程

务绩效组($M=556527.43\text{ms}$,$\text{SD}=56522.707\text{ms}$),取后 1/3 协作任务时间最短的团队作为高任务绩效组($M=365252.14\text{ms}$,$\text{SD}=54557.901\text{ms}$)。独立样本 T 检验结果表明,低任务绩效组的协作任务时间显著高于高任务绩效组($p<0.001$),如图 4.14 所示。

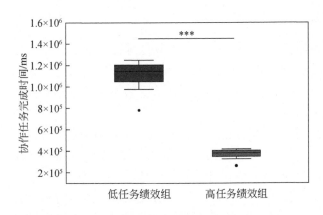

图 4.14　高、低任务绩效组协作任务完成时间

2) 全局沟通分布量化结果

通过开展高、低任务绩效组全局社交网络指标计算可以实现全局沟通分布的量化表征,可得高任务绩效组和低任务绩效组在边、密度指标上存在显著差异,具体表现为高任务绩效组的边($p=0.045$)和密度($p=0.008$)显著高于低任务绩效组。进一步基于节点、边以及各节点之间的平均沟通频率绘制社交网络图,以圆形为节点,以箭头及箭头上的数值为沟通方向和平均沟通频率,箭头粗细代表该方向平均沟通频率的高低。如图 4.15 所示,在高任务绩效组和低任务绩效组中,船长岗位均处于网络的核心,团队协作所产生的大部分沟通主要发生于船长岗位与其他三个岗位之间;此外,在高任务绩效组中,舵手岗位还增加了对声呐岗位和航海长岗位的沟通。

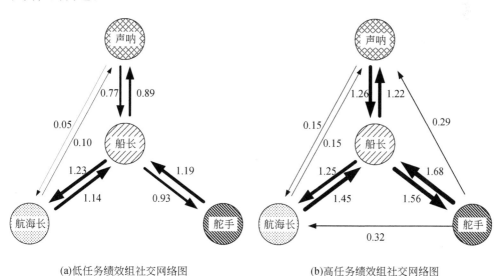

(a)低任务绩效组社交网络图   (b)高任务绩效组社交网络图

图 4.15 高、低任务绩效组的社交网络图

3) 节点沟通流向量化结果

通过开展高、低任务绩效组节点社交网络指标计算可以实现节点沟通流向的量化表征。不同任务绩效组的声呐岗位和舵手岗位在排放量($p=0.004,p=0.048$)、接收量($p=0.001,p=0.001$)和社交状态($p=0.002,p=0.005$)上差异显著,具体表现为高任务绩效组的声呐岗位和舵手岗位节点社交网络的排放量、接收量和社交状态显著高于低任务绩效组。不同任务绩效组的航海长岗位在排放量($p=0.026$)、社交状态($p=0.033$)和接近度($p=0.017$)上差异显著,具体表现为高任务绩效组的航海长岗位节点社交网络的排放量、社交状态和接近度显著高于低任务绩效组。不同任务绩效组的船长岗位在排放量($p=0.020$)、社交状态($p=$

0.032)、中心度($p=0.045$)和介数($p=0.045$)上差异显著,具体表现为高任务绩效组的船长岗位节点社交网络的排放量和社交状态显著高于低任务绩效组,中心度和介数显著低于低任务绩效组。

4）具体沟通内容量化结果

通过对转录的不同任务绩效组的沟通内容按照如图 4.13 所示的判断流程进行沟通编码可以得到具体沟通内容的量化结果。不同任务绩效组在"命令"($p=0.015$)、"判断"($p<0.001$)和"预知"($p=0.050$)三种沟通类型指标上表现出显著差异,具体为高任务绩效组在"命令"类型的沟通内容上显著低于低任务绩效组,在"判断""预知"类型的沟通内容上显著高于低任务绩效组。

将量化后的沟通内容结果结合社交网络的节点和边绘制桑基图。桑基图的三组节点分别为信息发起者、信息接收者以及沟通内容类型,节点标签上的数值表示沟通次数,节点延伸的分支宽度对应沟通数据的流量。如图 4.16 所示,与低任务绩效组相比,高任务绩效组增加了其他岗位(声呐、航海长、舵手)对船长岗位"预知"类型的沟通量,船长向其他岗位(声呐、航海长、舵手)发出"命令"类型的沟通量减少,同时航海长、舵手和船长岗位也积极地发起"判断"类型的沟通。

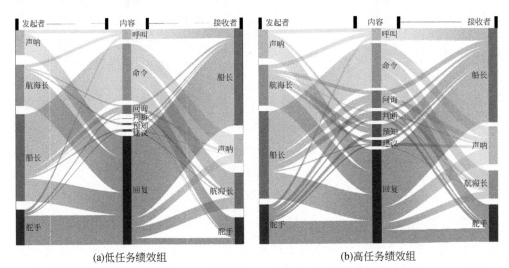

(a)低任务绩效组　　　　　　　　　　(b)高任务绩效组

图 4.16　高、低任务绩效组沟通内容桑基图

4.关于结果的讨论

1）关于团队沟通结构的讨论

从全局沟通分布特征来看,无论是高任务绩效组还是低任务绩效组,船长岗位均位于社交网络的中心位置,是构成全局社交网络的关键节点。并且,与低任务绩

效组相比,高任务绩效组中增加了舵手岗位对航海长岗位和声呐岗位的沟通,同时各岗位之间更加频繁地进行信息的发射和接收,从而整体呈现出以关键岗位为中心的高密度沟通分布结构。该种网络结构客观上有利于加快信息在团队中的扩散速度,同时,高频率的信息交换也有助于促进各岗位对当前任务态势的整体感知水平,从而表现出较高的团队任务绩效。但也有研究表明,过高频率的沟通也可能导致更差的绩效表现,主要原因在于大量沟通过程中可能存在较多任务不相关信息,从而导致作业人员在重要任务执行过程中产生分心,同时,频繁的信息发射与接收也可能会造成作业人员过高的脑力负荷,从而降低任务绩效。因而有必要进一步结合节点沟通流向分析沟通频率在不同岗位之间的具体分布情况。

在节点沟通流向上,对于排放量、接收量和社交状态指标,实验结果表明,高任务绩效组成员发起沟通和接收沟通的频率更高,但船长岗位在社交网络中的中心度和介数却呈现出下降趋势,信息传递在网络中表现出平铺和外溢的形态,呈现更加分散的沟通网络结构。进一步分析任务绩效与沟通网络结构之间的关系,可知在低任务绩效组中,信息传递更多依赖于核心岗位(船长岗位),而在高任务绩效组中,非核心岗位成员之间的主动沟通增强,部分信息不再经由核心岗位进行传递,从而扩充了信息传递渠道,提高了信息传递效率,优化了团队成员的综合态势感知能力与任务绩效。上述结果与 Duncan 和 Barth 等的研究结论一致,与相对集中的沟通网络结构相比,团队成员在分散的沟通网络结构中互相依靠程度更高,特别是在面临复杂任务时能够更为敏捷地进行动态响应,从而表现出更优的任务绩效。然而也有部分研究指出,团队成员在集中的沟通网络中能够更准确地传递信息和协调任务,特别是在高风险环境中团队的核心成员能够进行快速决策,使得团队的任务绩效水平更高。因而团队沟通行为与团队任务绩效的关系有必要进一步结合具体的沟通内容进行分析。

2) 关于团队沟通内容的讨论

在团队沟通内容方面上,高任务绩效组的团队成员更多地发起对当前任务的"判断",并对自己下一步的行动进行"预知",同时核心岗位(船长岗位)发出命令的次数显著下降,结合桑基图分析可知,"判断"和"预知"类型沟通的增加更多体现在非核心岗位上,核心岗位的部分决策职能被分担,这也解释了高任务绩效组核心岗位发出"命令"次数显著下降的原因。通过沟通内容的量化表征可以看出,高任务绩效组成员对当前协作任务的理解程度更为深入,能够对即将执行的岗位任务进行预备,从而大大降低了对核心岗位的依赖程度。进一步分析沟通内容与任务绩效的关系,高任务绩效组能够在短时间内高效进行协作的原因主要取决于对当前任务情境的集体理解,并集中体现在"判断""预知"等团队成员主动发起促进任务进程的沟通内容上。

结合对全局沟通分布、节点沟通流向、具体沟通内容的量化分析可见,低任务绩效组呈现依靠核心岗位进行信息传递的集中网络结构,虽然集中网络具有协调岗位和快速决策的优势,但低任务绩效组的沟通内容类型主要为"命令"和"回复",团队成员对于整体任务态势的感知、理解水平较低,任务绩效水平受核心岗位个人能力的影响较大。而对于高任务绩效组,非核心岗位之间"判断""预知"等沟通内容类型的增加使得核心岗位下达"命令"的部分决策职能被分担,在沟通网络下的信息传递时间大幅减少、信息传递渠道获得扩展、信息传递内容也更有利于增强团队成员的综合态势感知能力,从而有利于获得更高的任务绩效水平。

3)沟通行为优化策略

综合团队沟通行为量化结果,高任务绩效组呈现出高密度且分散的沟通结构特征,以及强感知、高理解、多预测的沟通内容特征,从而提示在沟通行为优化策略上,应综合考虑沟通结构与沟通内容的有机联系,促进船舶班组非核心岗位人员建立有效沟通的主观能动性,缓解核心岗位人员的决策压力;同时增强"判断""预知"等有助于促进任务情境理解的沟通内容类型,避免低质量频繁沟通所造成的信息冗余降低任务绩效。与传统使用社交网络分析团队沟通行为的方法相比,本节案例通过综合运用社交网络与沟通编码分析方法剖析了沟通结构变化下沟通内容的实质性改变,将沟通结构与沟通内容相联系提取有助于提升团队任务绩效的关键性沟通行为特征,弥补了以往单独使用社交网络分析指标难以与任务绩效建立直接关联的缺陷,同时,面向真实船舶班组典型作业任务进行针对性的沟通编码设计,可为实际工程应用提供参考。

5.结论

本研究可获得下述主要结论:

(1)不同任务绩效组在沟通结构上存在显著差异,与低任务绩效组相比,高任务绩效组呈现出高密度且分散的沟通结构特征,扩展的信息传递渠道和增快的信息传递速率使得团队成员的综合态势感知能力获得提升。

(2)不同任务绩效组在沟通内容上存在显著差异,与低任务绩效组相比,高任务绩效组呈现出强感知、深理解、多预测的沟通内容特征。团队成员通过主动发起促进当前任务进程的沟通内容增强了对当前情境的综合理解能力。

(3)通过综合运用社交网络分析和沟通编码分析方法,可对团队沟通行为进行有效量化,进一步结合协作任务分析,可为从优化团队沟通特征角度出发提高团队协作任务绩效、提升任务综合效能提供理论依据与技术方法。

4.4.3　模拟空战的团队情境意识准确性测量技术

本研究开发了一种基于任务后关键决策法结构化访谈的 TSA 准确性测量的新技术,并在 39 名预备役 F/A-18 飞行员中进行了测试。实验模拟空战场景,每个班组四名飞行员驾驶飞机对抗敌机编队。结果显示,TSA 和绩效之间存在明显的曲线关系,TSA 准确性越高,绩效越好,但随着 TSA 准确性的进一步提高,绩效提升幅度逐渐下降[25]。

1. 研究背景与研究目的

TSA 比个体 SA 更复杂。Endsley 认为,为了实现飞行目标,飞行成员需要具有与其特定职责相关的因素的 SA。良好的 TSA 需要团队成员的协调。Salmon 等[20]认为 TSA 包括单个团队成员的 SA、他们共享的 SA 以及他们所描述的"共同图",即整个团队的联合 SA。在这种情况下,重点是测量 TSA 的共享方面。

在本研究中,属性是指飞行员在空战环境中所能掌握信息的最小单位,而概念是属性的功能性集合[26]。SA 被定义为飞行员对其认为正在发生的事情和将要发生的事情的认知,而不是实际正在发生的事情和将要发生的事情(客观现实)。飞行过程基于 TSA 来描述、解释和预测空战的进展,并识别和选择适当的战术、技术和程序(tactic,technique and procedure,TTP)。准确的 TSA 是飞行绩效的重要影响因素[26]。TSA 准确性是指飞行员的 SA 对于属性和客观现实的一致性水平。本研究目的包括两个方面:首先,描述空战任务中 TSA 准确性和飞行绩效之间的关系;其次,引入 TSA 准确性测量技术,从而避免由于数据采集问题而中断任务。

2. TSA 准确性测量技术

1) 确定属性

在超视距(beyond visual range,BVR)空战任务中,测量飞行的 TSA 准确性本质上是确定飞行员在空战环境中有关属性的知识。为了开发一种可用于不同的虚拟实时 BVR 任务的 TSA 准确性测量技术,有必要确定在典型的 BVR 任务中哪些概念和属性是相关的。

通过研究 200 余篇文献,形成了 298 个相关概念和属性的初始列表。最初的概念和属性列表由经验丰富的飞行员教练(instructor pilot,IP)审查,删除重复的概念和属性,并将剩余的概念和属性组合成有意义的单元。由作战测试和评估(operational test and evaluation,OT&E)飞行员进行内容有效性评估。接下来,从两个战斗机中队招募了 61 名预备役 F/A-18 飞行员($M=32.6$ 岁,SD=3.7 岁)来评估属性。飞行员对列表中每个属性的重要性进行打分,评分从"1"(低重要性)到"7"(高重要性)。为了使评分表对飞行员更有意义,根据 Cooper-Harper 评分表的格式[27],对这些评分表进行了口头描述,并将其组织成分级评分表辅助工具,如图 4.17 所示。

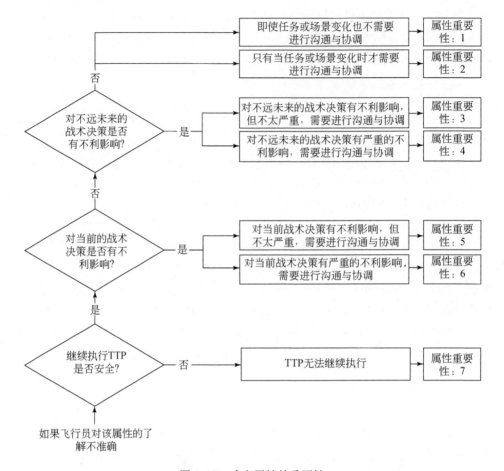

即使任务或场景变化也不需要进行沟通与协调 → 属性重要性：1

只有当任务或场景变化时才需要进行沟通与协调 → 属性重要性：2

否

对不远未来的战术决策是否有不利影响？ —是→ 对不远未来的战术决策有不利影响，但不太严重，需要进行沟通与协调 → 属性重要性：3

对不远未来的战术决策有严重的不利影响，需要进行沟通与协调 → 属性重要性：4

否

对当前的战术决策是否有不利影响？ —是→ 对当前战术决策有不利影响，但不太严重，需要进行沟通与协调 → 属性重要性：5

对当前战术决策有严重的不利影响，需要进行沟通与协调 → 属性重要性：6

是

继续执行TTP是否安全？ —否→ TTP无法继续执行 → 属性重要性：7

如果飞行员对该属性的了解不准确

图 4.17　确定属性的重要性

11 名有经验的武器教官和试飞员审查了等级，并提出了概念和属性的最终列表。最终列表按层次结构组织，有 7 个顶级概念，每个概念包含多个属性。对概念和属性进行独立于平台的选择和表述。

2）事后访谈法

面试官在事后汇报的结构化面试中确定 TSA 准确性。在汇报过程中，IP 将利用座舱视频记录、飞行轨迹模拟、传感器轨迹和所有参与飞机的武器模拟等设施重构任务。由于其全面性，重构的任务通常作为任务的客观现实。事后汇报是基于一种改进的、缩短形式的关键决策（critical decision making，CDM）结构化访谈方法。CDM 访谈本质上是一种回顾性的、半结构化的知识启发技术，使用认知探查获取 SA。

3）确定 TSA 准确性

在事后访谈过程中获得飞行员对某一属性的三层次 SA 后，定义该属性的 TSA 准确性分数。首先，对每个飞行员该属性的三层次 SA 准确性进行评分，各阶段中准确的 SA 分数为 1，不准确的 SA 分数为 0。准确的 SA 意味着可以根据该 SA 做出明智的决策。将飞行员对某一属性的三层次 SA 分数相加，得到该属性的 TSA 准确性分数，这些分数的范围从 0 到 3。对每个属性重复这个过程，最终通过平均所有属性的 TSA 准确性分数计算 TSA 准确性指数。

3. 实验内容

1）人员与设备

39 名合格的 F/A-18 战斗机飞行员参加了模拟空战实验，所有参与者均为男性。参与者驾驶 F/A-18 飞机的平均飞行时长为 543h（SD＝302h）。实验前获得了每个参与者的书面知情同意。每一次飞行都会分配一名战斗机管制员，其任务是根据战斗机管制员的标准操作程序来支持飞行任务。未考虑战斗机管制员个人差异对飞行 TSA 的影响。

在每次任务中，战斗机中队使用 4 个空战训练的飞行训练设备（flight training device，FTD）。采用两种类型的 FTD：一种配备全功能和 216°视野的座舱，而另一种配备有限功能的座舱和 360°视野的虚拟现实头盔。战斗机管制员可以获得作战区域的模拟地面雷达图像。战斗机管制员的工作站和参与者的 FTD 通过网络链接，所有参与者能够通过无线电和数据链进行通信。所有的敌机都是计算机生成的模拟实体。它们被编程为"完美 SA"拥有者，并按照脚本模仿空战演习中使用的典型战术。

2）实验流程

参与者根据他们的训练名单被分配到不同的班组。一旦飞行任务下达，他们就会执行一个标准的任务简报，然后进入 FTD。每次模拟都包括一组己方飞机和一组敌方飞机。己方飞机的任务是拦截敌方飞机，敌方飞机通过编程设计拦截己方飞机。在模拟开始之前，己方飞机和敌方飞机都被初始化在指定的起始位置、速度和高度。每次任务都对飞行员提出同等的认知需求，而激活和保持 TSA 的认知需求高低是通过改变数据链的功能来控制的。根据 Endsley 的 TSA 基础机制模型，数据链能够辅助构建 TSA，数据链的功能受到的限制越大，飞行员就越需要依靠无线电通信和对任务目标及 TTP 的共同理解来建立 TSA。

激活和保持 TSA 的认知需求分为三个等级：高、中、低。在低认知需求水平下，数据链功能完整，飞机之间以及飞机和战斗机管制员之间的信息可实现数字传输。在中等认知需求水平下，数据链只允许进行飞机之间的信息传递。在高认知需求水平下，数据链被禁用。在所有情况下，必要的信息都是存在的，只是需要不同的机制来共享以实现 TSA。在各认知需求水平下均设置了两种任务。11 个班组在各认知需求水平下执行两次任务，共 6 次不同任务。由于时间的限制，其余 4 个班组在各认知需求水平下只执行一次任务，共 3 次不同任务。不同认知需求水平被引入的顺序是随机的。一旦模拟启动，任务就会自动进行，直到所有敌方飞机被摧毁，或己方飞机被摧毁，或超过 10min。

一旦模拟结束，任务将被重构并开始汇报。IP 根据汇报，确定飞行员的 SA 水平与 TSA 准确性得分。对于每一个关键事件以及与这些事件相关的每个属性，都要重复这个过程，进而得到 TSA 准确性指数。

4. 实验结果

实验最后分析了以己方损失和摧毁数衡量的绩效、TSA 准确性和认知需求之间的关系。分析的单位是飞行班组（$N=15$），而不是单独的飞行员。

1）不同认知需求水平下的绩效和 TSA 准确性指数

TSA 准确性指数在不同的认知需求水平之间存在显著差异 $[F(2,13)=473.562;p<0.001;$偏 $\eta^2=0.971]$。成对比较也均显著（$p<0.001$）。总的来说，TSA 准确性指数随着认知需求的增加而下降。己方损失在不同的认知需求水平之间也存在显著差异 $[F(2,13)=6.168;p<0.026;$偏 $\eta^2=0.306]$。但是，成对比较仅低和高认知需求水平下的损失具有显著差异。摧毁数在不同的认知需求水平之间差异接近显著 $[F(2,13)=4.249;p<0.058;$偏 $\eta^2=0.233]$。成对比较无显著性。

2）TSA 准确性指数与绩效的关系

在各认知需求水平下，TSA 准确性指数与己方损失呈高度显著负曲线相关 $[$低认知需求 $R=0.929;R^2=0.863;R^2_{adj}=0.841;F(2,12)=37.955;p<0.001;$中认知需求：$R=0.821;R^2=0.674;R^2_{adj}=0.620;F(2,12)=12.428;p<0.001;$高认知需求：$R=0.724;R^2=0.476;R^2_{adj}=0.726;F(2,12)=7.353;p<0.01]$。

最优拟合模型均为二次型 $[$低认知需求：损失 = TSA 准确性指数 $\times(-56.899)+$TSA 准确性指数$^2\times7.734+104.519;$中认知需求：损失 = TSA 准确性指数 $\times(-5.678)+$TSA 准确性指数$^2\times0.849+9.549;$高认知需求：损失 = TSA 准确性指数 $\times(-7.581)+$TSA 准确性指数$^2\times1.581+9.023]$。在各认知需求水平下，较高的 TSA 准确性指数对应较少的己方损失。然而，己方损失会以边际效应递减的方式随着 TSA 准确性指数的增加而降低。

在低认知需求水平下，TSA 准确性指数与摧毁数呈显著的曲线关系 $[R=0.659;R^2=0.435;R^2_{adj}=0.341;F(2,12)=4.613;p<0.05]$。最优拟合模型仍为二次型 $[$摧毁数 = TSA 准确性指数 $\times57.558+$TSA 准确性指数$^2\times(-8.287)-93.472]$。在中或高认知需求任务中，摧毁数与 TSA 准确性指数之间没有显著的

关系。与损失的结果相似,在低认知需求水平下,摧毁数同样以边际效应递减的方式随着 TSA 准确性指数的增加而增加。

5. 讨论

每组 4 架 F/A-18 战斗机飞行 15 次,在三种不同认知需求水平下执行模拟 BVR 空战任务。观察到随着激活和保持 TSA 所需的认知需求的增加,TSA 准确性下降,己方损失增加,摧毁数也有减少的趋势。

先前的研究表明,SA 和绩效之间的关系可能很弱或不明确,尤其是在高度动态、不确定的环境中。研究通常基于隐式线性关系(通常以相关或回归分析的形式进行),R 值通常在 0.2~0.5 范围内。在本研究中,TSA 准确性和绩效之间存在很强的曲线关系(基于二次回归拟合),特别是当绩效通过己方损失进行测量时。己方损失会以边际效应递减的方式随着 TSA 准确性指数的增加而降低。TSA 准确性与摧毁数之间的关系较弱,仅在低认知需求水平下显著。

本研究开发的 TSA 测量技术具有不中断模拟实验的优点,因此它实际上有助于在空战过程中保持参与者的 SA。因此,除了空战模拟,它还可以应用于实际演习。同时,基于 CDM 直接测量参与者的 TSA,能够避免从绩效中推断 TSA 可能导致的问题。

6. 结论

本研究的结果显示,在各认知需求水平下,TSA 准确性指数与己方损失之间存在显著的负曲线关系,而非线性关系;TSA 准确性增加对于绩效提升的边际效益递减。本书介绍并论证了一种用于模拟空战的 TSA 准确性测量新技术,并揭示了意识与绩效之间的关系。该技术将 TSA 视为团队知识,并基于一种公认的知识启发式方法 CDM 对 TSA 准确性进行测量。该技术避免中断任务执行,并可以依据飞行员的报告直接评估 TSA。

本书对人机工效学作出了一些贡献。首先,确定了对空战领域的 TSA 研究有价值的属性。当在其他领域中确定类似的属性时,确定属性的方式也很有借鉴意义。其次,解释了在空中军事任务中经常观察到的 SA 与绩效之间不相关的原因:SA/TSA 与绩效之间可能是曲线关系,而不是线性关系。初始的 TSA 增加会带来最大的绩效收益。最后,引入的 TSA 准确性测量技术将适用于任何不能中断任务进行数据采集的领域。在这些领域,新技术可以帮助和促进 TSA 测量在培训干预、评估操作程序有效性等方面的应用。

4.4.4　基于系统团队事件分析的分布式机组配置

本研究采用系统团队事件分析(EAST),从六个关键区域(调度、空中交通管制、空中交通管理、维护、装载和座舱)对常规航空操作进行分析,面向飞行的四个关键阶段创建了任务网络、社交网络和信息网络,这使我们能够详细了解当前系统内的相互作用和联系。此外,本研究讨论了分布式乘员概念对未来的影响,并用于确定未来分布式乘员选择的需求[28]。

1.研究背景与研究目的

减员增效是商业航空领域的发展趋势。分布式乘员指驾驶舱中的一名飞行员与一名地面飞行员一起操作飞机。这样做的好处是一个地面飞行员可以同时监视几架飞机,从而减少航空公司的总体机组成本。分布式乘员作业包含分布式认知的原则,即个人或团队一起工作,追求由多个相互作用的子目标组成的共同目标。而理解多个团队之间的交互需要采用社会技术系统方法。本研究针对短途货运作业(没有乘客或客舱机组)进行分析,因为这可能是分布式乘员的初始作业环境。EAST方法用于生成网络模型,以理解当前系统内的交互和联系。

2.系统团队事件分析

对于EAST方法的介绍可参见本书第4.3节。

3.实验内容

1) 数据采集

这项研究的数据是在中东的一家国际航空货运运营商进行的为期5天的实地观察试验中所收集的,共观察了3个出境航班和2个入境航班,并转录至Excel文件中。

2) 数据分析

本研究对四个阶段分别进行分析:滑行前(飞行前检查和发动机启动);滑行、起飞和批准;降落、着陆和滑行;制动和关闭。Excel数据抄本用于为每一阶段的飞行构建三个EAST网络。任务网络由抄本中的特定动作和工作的关键阶段生成。记录依据时间顺序排列,以创建一个任务网络,用颜色编码的节点来表示任务和负责的参与者;社交网络对操作者和代理之间往来通信的频率进行汇总,信息流动的方向和沟通的频率用箭头指向与宽度表示;信息网络由文本中的关键词生成,大部分是名词,因为它们代表由操作者和代理传递的信息内容。出现频率最高的动词(由出现百分比定义)也包括在内。

4.结果与讨论

为了解系统内部的相互作用和联系,以滑行前阶段为例,对当前操作开展EAST分析,并涵盖短途货运业务中每个核心角色。进行分析的目的是探索分布式乘员环境,分析输出被用于确定这些未来操作场景的部分需求。

滑行前阶段包括两个阶段:飞行前准备(例如,结合外部巡视、内部飞行前检查、获得航管批准离场路线、在导航系统中验证离场路线、计算跑道性能数据、起飞、紧急情况通报)和发动机启动(例如,与航管协调放行和推退、地勤组织推退、完成启动前检查表、发动机参数监测)。

1) 任务网络分析

滑行前阶段的任务网络如图 4.18 所示。这是飞行的多代理阶段,代表了 5 个代理组(维修、调度、驾驶舱、空管和装载),通过网络跟踪每个代理。例如,从"飞机加燃料"开始,然后继续下去。其中许多任务是同时执行的,这就是使用网络表示的原因。一旦机组人员抵达飞机,他们就会进行各种飞行前检查和简报,飞行前的检查阶段工作量相当大。上飞机后,机长就开始巡视,检查飞机的物理状况,而副驾驶则开始进行冗长的检查,将许多飞机系统设置好,准备飞行。当机长完成巡视后,他就会加入副驾驶的行列,完成检查和准备工作。值得注意的是,其中一些简报是在机组人员简报室与调度员讨论的简报的重复(例如,讨论有效载荷和燃料)。此外,维修团队还向机组人员通报了飞机的状态。类似地,三个不同的代理(机组人员、维修人员和装载人员,图 4.18 中灰色突出显示)对飞机进行三次目视检查。在分布式机组环境中的关键问题是,如果由一名飞行员执行全部飞行前检查任务序列将需要多少时间。这将对机组人员的值班时间和飞机在登机口的停留时间产生重大影响。在任务网络中观察到的工作重复可能对未来分布式乘员环境中的任务重新分配产生影响。例如,可以设想由工程师和装载人员负责这项检查。此外,来自维修团队的状态简报可以在前一阶段整合到调度员简报中,以减少飞行员在该阶段的工作量。

2) 社交网络分析

滑行前阶段的社交网络如图 4.19 所示,其中沟通频率决定了代理之间的联系强度,即沟通频率越高,连接线越粗,联系越紧密(反之亦然)。该阶段由 120 个人类和技术代理组成,但为了清晰起见,图 4.19 中的网络描述了前 30 个代理。大多数关键节点是人类代理(11/19),即 19 个关键节点中有 11 个人类代理节点。副驾驶(first officer,FO)是网络中联系最紧密的代理,主要与机长和调度沟通。这对分布式机组环境有影响,在这种环境中,地面飞行员将担任 FO 的角色。因此,这些沟通通道需要在新的乘员配置中可用。此外,在分布式乘员环境中,需要考虑沟通的性质。社交网络展示了这一阶段的额外活动水平,即有多少其他参与者参与到该活动,以及随之而来的活动中断的可能性。在以分布式机组配置完成飞行前准备时,中断将更容易导致失误。

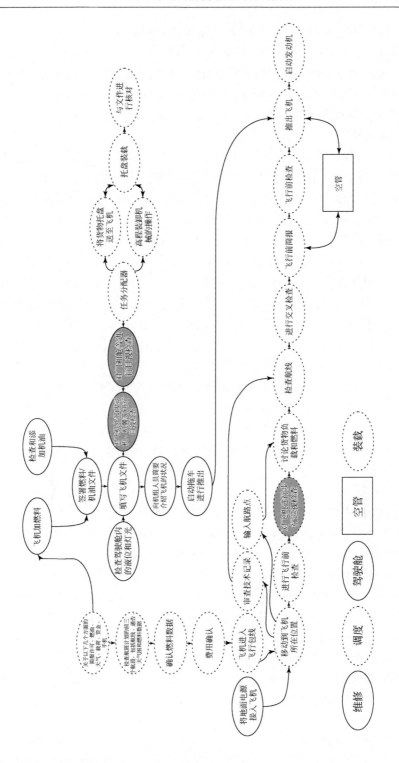

图 4.18　滑行前阶段的任务网络

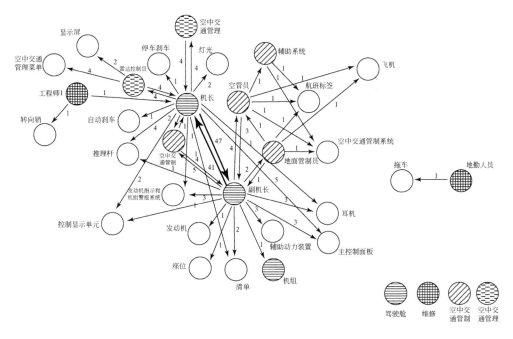

图 4.19　滑行前阶段的社交网络

3）信息网络分析

滑行前阶段的信息网络有 251 个节点。网络中连接最多的节点是"检查（check）"，符合该阶段的特点。飞行前的检查任务对飞行员来说是最繁重的工作，因为他们需要按顺序检查驾驶舱内每个面板上的每个开关选择。"集合（sets）"和"开始（starts）"的概念也与这些飞行前检查活动有关。如任务网络所述，在这一阶段有可能减少工作量的备选办法，包括重新分配任务，如工程师负责巡视检查，但机组人员可能不会将这种基本适航性检查的控制权交给不乘坐飞机的第三方，后者可能也没有做出相关判断的经验。在货运环境中，这可以通过工程师与机组人员一起乘坐飞机的事实来克服，但在乘客环境中，这不是标准做法。如果这是一个可行的选择，工程师就必须为这项任务重新接受大量培训，并辅以技术的协助。

5. 结论

在本研究中，使用 EAST 方法分析了当前货运航班的操作，以构建任务网络、社交网络和信息网络。该分析的背景是航空货运业务，因为这可能是分布式机组环境的初始背景。本研究除了为飞行操作的每个阶段生成三个网络外，还对未来可能的工作方式提出了定性的展望。未来研究的一个重要目标是利用 EAST 重新对分布式乘员建模，以理解其对整个航空系统工作协调的意义。通过将改造后的系统与相关的网络指标进行比较，将能够对分布式乘员方案的安全性做出判断。

参 考 文 献

[1] Salas E,Prince C,Baker D P,et al. Situation awareness in team performance：implications for measurement and training. Human Factors：The Journal of the Human Factors and Ergonomics Society,1995,37(1)：123-136.

[2] Endsley M R, Robertson M M. Situation awareness in aircraft maintenance teams. International Journal of Industrial Ergonomics,2000,26(2)：301-325.

[3] Endsley M, Jones W M. A model of inter and intra team situation awareness：implications for design, training and measurement//McNeese M,Salsa E, EndsleyM. New Trends in Cooperative Activities：Understanding System Dynamics in Complex Environments. Santa Monica：Human Factors and Ergonomics Society,2001：46-67.

[4] Shu Y F,Furuta K. An inference method of team situation awareness based on mutual awareness. Cognition,Technology & Work,2005,7(4)：272-287.

[5] Artman H. Team situation assessment and information distribution. Ergonomics,2000,43(8)：1111-1128.

[6] Stanton N A,Salmon P M,Walker G H,et al. Genotype and phenotype schemata as models of situation awareness in dynamic command and control teams. International Journal of Industrial Ergonomics,2009,39(3)：480-489.

[7] Gorman J C,Cooke N J,Amazeen P G. Training adaptive teams. Human Factors：The Journal of the Human Factors and Ergonomics Society,2010,52(2)：295-307.

[8] Salmon P M,Stanton N A, Walker G H, et al. What really is going on? Review of situation awareness models for individuals and teams. Theoretical Issues in Ergonomics Science,2008,9(4)：297-323.

[9] Stanton N A,Stewart R, Harris D, et al. Distributed situation awareness in dynamic systems：theoretical development and application of an ergonomics methodology. Ergonomics,2006,49(12-13)：1288-1311.

[10] McNeese M D, Salas E, Endsley M R. Contemporary Research：Models, Methodologies, and Measures in Distributed Team Cognition. Boca Raton：CRC Press,2020.

[11] 石玉生,黄伟芬,田志强. 团队情景意识的概念、模型及测量方法. 航天医学与医学工程,2017,30(6)：463-468.

[12] Fowlkes J E,Lane N E,Salas E,et al. Improving the measurement of team performance：the TARGETs methodology. Military Psychology,1994,6(1)：47-61.

[13] Gorman J C, Cooke N J, Winner J L. Measuring team situation awareness in decentralized command and control environments. Ergonomics,2006,49(12/13)：1312-1325.

[14] Buchler N,Fitzhugh S M,Marusich L R,et al. Mission command in the age of network-enabled operations：social network analysis of information sharing and situation awareness. Frontiers in Psychology,2016,7：937.

[15] Kitchin J,Baber C. The dynamics of distributed situation awareness. Proceedings of the Human Factors and Ergonomics Society Annual Meeting,2017,61(1): 277-281.

[16] Cooke N J,Salas E,Kiekel P A,et al. Advances in measuring team cognition//Salas E,Fiore S M. Team Cognition: Understanding the Factors That Drive Process and Performance. Washington: American Psychological Association,2004.

[17] Stanton N A,Baber C,Harris D. Modelling Command and Control: Event Analysis of Systematic Teamwork. Boca Raton:CRC Press,2017.

[18] Patrick J,James N,Ahmed A,et al. Observational assessment of situation awareness,team differences and training implications. Ergonomics,2006,49(4): 393-417.

[19] Hauland G. Measuring individual and team situation awareness during planning tasks in training of en route air traffic control. The International Journal of Aviation Psychology,2008,18(3): 290-304.

[20] Salmon P M,Stanton N A,Walker G H,et al. What really is going on? Review of situation awareness models for individuals and teams. Theoretical Issues in Ergonomics Science,2008,9 (4): 297-323.

[21] Endsley M R. A systematic review and meta-analysis of direct objective measures of situation awareness: a comparison of SAGAT and SPAM. Human Factors: The Journal of the Human Factors and Ergonomics Society,2021,63(1): 124-150.

[22] Shu Y F,Furuta K. An inference method of team situation awareness based on mutual awareness. Cognition,Technology & Work,2005,7(4): 272-287.

[23] 石玉生,田志强,黄伟芬. 基于团队和任务维度的团队情境意识评价方法. 航天医学与医学工程,2018,31(2): 216-223.

[24] Ma J,Zhang G Q. Team situation awareness measurement using group aggregation and implication operators. IEEE 2008 3rd International Conference on Intelligent System and Knowledge Engineering, Xiamen,2008.

[25] Mansikka H,Virtanen K,Uggeldahl V,et al. Team situation awareness accuracy measurement technique for simulated air combat- curvilinear relationship between awareness and performance. Applied Ergonomics,2021,96: 103473.

[26] Langan-Fox J,Anglim J,Wilson J R. Mental models,team mental models,and performance: process,development,and future directions. Human Factors and Ergonomics in Manufacturing, 2004,14(4): 331-352.

[27] Cooper G E,Harper R J. The use of pilot ratings in evaluation of aircraft handling qualities. Washington D. C. :NASA,1969.

[28] Stanton N A,Plant K L,Revell K M A,et al. Distributed cognition in aviation operations: a gate-to-gate study with implications for distributed crewing. Ergonomics,2019,62(2): 138-155.

第5章 情境意识在界面设计与评价中的应用

本章通过四个研究案例,包括界面设计中注意力分配策略对情境意识的影响、基于飞行仿真的座舱显示界面情境意识实验分析、态势图显示模式与交互方式对预警机任务绩效的影响、民机显示界面设计与任务复杂度对情境意识的影响,说明情境意识的测量与分析对于飞机驾驶舱人机界面工效学评价与优化设计的应用价值。

5.1 界面设计中注意力分配策略对情境意识的影响

5.1.1 研究背景

不同脑力负荷水平下作业人员注意力分配策略的改变会引发一系列情境意识问题,极端情况下甚至会导致情境意识的丧失,造成安全事故。通过开展脑力负荷、注意力分配与情境意识三者之间的关系探究可为复杂任务条件下驾驶舱人机界面的信息需求设计以及飞行任务培训策略的优化提供依据,从而保障飞行安全。此外,情境意识的生理测量方法也是研究人员积极关注的研究方向[1,2]。本研究在高、低脑力负荷水平下开展了不同注意力分配策略对作业人员情境意识的影响工效学实验,记录了作业人员的行为绩效数据、SAGAT 数据、生理数据以分析其情境意识在不同实验条件下的变化情况。此外,进一步对多个测量指标之间开展了相关分析以探索情境意识敏感性生理指标。

5.1.2 实验方法

1. 实验被试

本研究共招募 22 名年龄在 22 到 24 岁($M=22.95$ 岁,SD$=0.58$ 岁)的被试,其中男性 15 名,女性 7 名。所有被试均为北京航空航天大学航空科学与工程学院航空工程专业的在校研究生。

2. 实验设备

基于多 MATB II 构建了模拟飞行环境下的实验平台,共包括 4 个子任务,如图 5.1(a)所示。本研究采用 Tobii Pro X3-120 系统实时采集被试的眼动数据,采用 5 点校标进行校准,眼动仪采样率为 120Hz。同时采用 Neuroscan Neuamps 系统 32 通道放大器记录 EEG 数据。

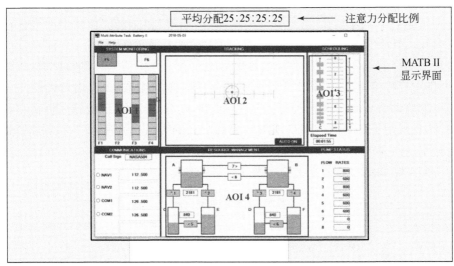

(a)实验任务界面

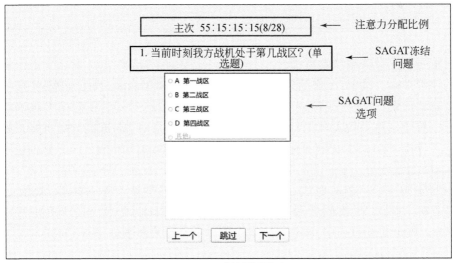

(b)SAGAT 冻结提问页面

图 5.1　实验任务显示界面与 SAGAT 冻结提问页面

3. 实验设计

参考主飞行显示仪表的 T 形布局对平台子任务进行定义,并划分为 4 个 AOI

进行后期的眼动数据分析。实验采用 3×2 被试内双因素设计。因素 1 为注意力分配策略,包含 3 个水平:平均注意力分配策略(平均分配)、主次注意力分配策略(主次分配)和多级注意力分配策略(多级分配)。

在本研究中,不同的注意力分配策略通过"期望"和"价值"这两个因素进行调控和量化。其中"期望"因素通过异常信息呈现频率来实现(表 5.1),即异常信息出现频率更高的 AOI 会吸引作业人员更多的注意力;"价值"因素通过信息重要度体现,即重要程度更高的 AOI 会吸引作业人员更多的注意力,并由培训期间主试对被试的培训引导而实现。因素 2 为脑力负荷,包含 2 个水平:低脑力负荷和高脑力负荷,且采用子任务的故障呈现频率分别对高脑力负荷水平(2 次/min)和低脑力负荷水平(1 次/min)进行调控。为消除练习和疲劳效应,采用拉丁方设计对注意力分配策略和脑力负荷水平的呈现顺序进行平衡。

表 5.1　呈现频率设置

不同注意力分配策略	低脑力负荷呈现频率/(次/min)				高脑力负荷呈现频率/(次/min)			
	AOI 2	AOI 1	AOI 4	AOI 3	AOI 2	AOI 1	AOI 4	AOI 3
平均分配	0.25	0.25	0.25	0.25	0.50	0.50	0.50	0.50
主次分配	0.55	0.15	0.15	0.15	1.10	0.30	0.30	0.30
多级分配	0.40	0.30	0.20	0.10	0.80	0.60	0.40	0.20

本研究记录工作绩效指标、SAGAT 得分、眼动指标和 EEG 指标作为情境意识的评价指标。其中,工作绩效测量包括反应时间和正确率,均由 MATB II 平台后台自动记录。反应时间为 4 个子任务的平均正确反应时间,正确率为正确响应次数占故障信息呈现总数的百分比。SAGAT 得分指对 SA 冻结问题进行正确反应的百分比,SAGAT 提问页面见图 5.1(b)。采用 Tobii Studio 3.4.5 软件进行眼动注视类指标分析,并记录各个 AOI 中的访问总时间比例、平均注视时间和 NNI。其中 NNI 基于空间统计算法,采用 ASTEF 工具进行计算。进一步进行离线 EEG 信号分析,划分 4 个不同频段:δ(1～4Hz)、θ(4～8Hz)、α(8～12Hz)和 β(13～30Hz)。整个实验过程中,眼动和脑电采集设备实时采集生理信号。

4. 实验任务与步骤

本研究的实验任务为面向飞行情境的多任务模拟,在实验过程中,要求被试同时监控 MATB II 界面中的 4 个子任务,并尽可能准确且迅速地通过鼠标和键盘响应每个子任务中的异常信息,排除故障。实验包括两个阶段:练习阶段和正式实验阶段,整个实验时长 90～120min。被试在练习阶段接受充分培训,待被试完全掌握任务操作和实验流程后签署知情同意书,然后开始正式实验。不同水平的实验任务之间安排适当的休息,单次实验任务时长持续约 20min。

5.1.3　实验结果

1. 注意力分配策略引导实验结果

不同的实验设置(如报酬、预期任务需求等)可以用来引导注意行为,实现不同的注意力分配策略。注意引导模式在转化为个体的注意力分配时,由于认知模糊性,个体对其理解会产生误差。在注意力分配研究中 SEEV 模型的基础上,Miller 等进一步提出了期望价值(expectancy value,EV)模型,该模型对于受过良好训练的被试的注意力分配行为的预测吻合变异系数达到 95%[3]。在本研究中,为了对不同注意力分配策略的实验效果进行验证,选取期望和价值因素来引导被试产生不同的注意力分配行为,实现不同的注意力分配策略。

通过对 MATB II 显示界面划分 AOI,分别计算各 AOI 内的访问总时间占比,结果如表 5.2 所示。在本研究中,将注视点第 1 次进入某一 AOI 到离开该 AOI 记录为 1 次访问,分别计算 MATB II 界面各 AOI 的访问总时间占 4 个 AOI 的访问总时间之和的比例。

表 5.2　各 AOI 注意分配比例及眼动的访问总时间比例

注意分配比例 (AOI 2∶AOI 1∶AOI 4∶AOI 3)	访问总时间比例平均值	
	低脑力负荷	高脑力负荷
平均分配(25∶25∶25∶25)	$(20.98\pm4.40)∶(28.75\pm7.55)∶$ $(25.43\pm4.86)∶(22.62\pm6.75)$	$(21.42\pm5.19)∶(27.47\pm6.01)∶$ $(24.88\pm4.37)∶(24.61\pm6.09)$
主次分配(55∶15∶15∶15)	$(46.62\pm13.74)∶(20.68\pm5.46)∶$ $(18.87\pm7.93)∶(12.67\pm4.60)$	$(47.01\pm9.08)∶(20.11\pm5.82)∶$ $(17.00\pm4.89)∶(15.91\pm4.00)$
多级分配(40∶30∶20∶10)	$(32.49\pm8.12)∶(28.63\pm6.25)∶$ $(22.97\pm7.13)∶(14.08\pm5.46)$	$(32.10\pm4.78)∶(29.21\pm6.95)∶$ $(23.57\pm7.23)∶(15.18\pm5.11)$

引入“平均飞行员”思想[4,5],对实验设计的注意力分配策略比例与 4 个 AOI 的访问总时间比例的平均值结果进行一元线性回归,以评估注意力分配策略的引导效果。实验结果表明两者的相关系数为 $r=0.962$,$R^2=0.9262$,相关性水平显著 $p<0.001$,如图 5.2(a)所示。上述结果说明,实验设计注意力分配比例与眼动追踪的实验值吻合良好,将注意力分配策略作为自变量是有效的。

为了研究个体差异的影响,对实验设计优先级策略理论值与所有被试访问总时间比例的结果进行了一元线性回归,结果发现 $r=0.765$,$R^2=0.5857$,$p<0.001$,如图 5.2(b)所示。最后,对在高、低脑力负荷下不同优先级策略的各 AOI

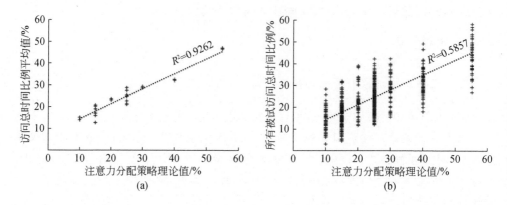

图 5.2　注意力分配结果的验证

理论值与实际眼动的访问总时间比例进行一元线性回归,结果见表 5.3。可知,相比于主次分配策略,多级分配策略的拟合系数逐渐减小(平均值由 0.983 减为 0.979,所有人由 0.852 减为 0.711),反映了注意力分配策略实现困难的增大。以上两部分内容进一步丰富了注意力分配策略的验证。

表 5.3　注意力分配比例一元线性回归结果

		主次分配		多级分配	
		Pearson 结果	回归系数	Pearson 结果	回归系数
平均值	低脑力负荷	$r=0.974, p=0.026$	$R^2=0.9478$	$r=0.983, p=0.017$	$R^2=0.9666$
	高脑力负荷	$r=0.993, p=0.007$	$R^2=0.9855$	$r=0.977, p=0.023$	$R^2=0.9545$
	整体	$r=0.983, p<0.001$	$R^2=0.9662$	$r=0.979, p<0.001$	$R^2=0.9584$
全部值	低脑力负荷	$r=0.814, p<0.001$	$R^2=0.6634$	$r=0.708, p<0.001$	$R^2=0.5018$
	高脑力负荷	$r=0.896, p<0.001$	$R^2=0.8023$	$r=0.717, p<0.001$	$R^2=0.5135$
	整体	$r=0.852, p<0.001$	$R^2=0.7624$	$r=0.711, p<0.001$	$R^2=0.5061$

注:由于平均注意力分配中各 AOI 理论值相同,因此为一元线性回归

2. 工作绩效测量结果

采用 SPSS Statistics 23.0 对 4 类 SA 测量指标进行统计学分析,置信度水平为 0.05。采用双因素重复测量的 ANOVA 来确定注意力分配策略和脑力负荷因素对因变量的交互效应及主效应。对于被试内变量,采用 Mauchly 测试检验球型假设。当不满足球型假设时,使用 Greenhouse-Geisser 校正自由度。事后检验采用 LSD 方法。

工作绩效指标反应时间和正确率的描述性结果如图 5.3 所示,图中横坐标为实验水平,以"低_平均"为例,指的是低负荷水平下的平均分配。对于反应时间指

标,双因素重复测量 ANOVA 表明,注意力分配策略和脑力负荷因素之间的交互效应不显著[$F(2,42)=1.951,p=0.155,\eta^2=0.085$]。注意力分配策略对反应时间的主效应显著[$F(2,42)=27.175,p<0.001,\eta^2=0.564$]。事后比较发现主次分配的反应时间显著短于平均分配($p<0.001$)和多级分配($p<0.001$),平均分配和多级分配之间的差异不显著($p>0.05$)。脑力负荷对反应时间的主效应不显著[$F(1,21)=0.165,p=0.688,\eta^2=0.008$]。

对于正确率指标,双因素重复测量的 ANOVA 表明,注意力分配策略和脑力负荷之间的交互作用不显著[$F(2,42)=2.987,p=0.061,\eta^2=0.125$]。注意力分配策略对正确率的主效应是显著的[$F(2,42)=5.818,p=0.006,\eta^2=0.217$]。事后比较发现平均分配的正确率显著低于主次分配($p=0.022$)和多级分配($p=0.005$),主次分配和多级分配之间的正确率差距不显著($p>0.05$)。脑力负荷对正确率的主效应不显著[$F(1,21)=0.343,p=0.564,\eta^2=0.016$]。

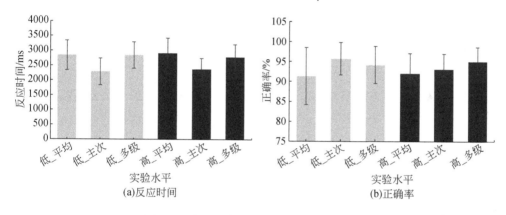

图 5.3　绩效测量的反应时间和正确率指标

3. SAGAT 方法测量结果

低脑力负荷时,SAGAT 得分从平均分配(75.44 ± 8.32)、主次分配(78.33 ± 10.09)到多级分配(82.54 ± 8.87)呈现逐渐增加的趋势。高脑力负荷时,SAGAT 得分从平均分配(66.18 ± 10.75)、主次分配(78.97 ± 8.77)到多级分配(68.86 ± 11.87)呈现先增后减的趋势。双因素重复测量的 ANOVA 表明,对于 SAGAT 得分,注意力分配策略和脑力负荷的交互效应显著[$F(2,42)=5.363,p=0.010,\eta^2=0.203$]。简单效应分析发现,低脑力负荷时,平均分配的 SAGAT 得分显著低于多级分配($p=0.015$)。高脑力负荷时,主次分配的 SAGAT 得分显著高于平均分配($p=0.001$)和多级分配($p=0.005$)。注意力分配策略的主效应显著[$F(2,42)=9.693,p<0.001,\eta^2=0.316$],事后比较发现,平均分配的 SAGAT 得

分显著低于主次分配($p<0.001$)和多级分配($p=0.010$),主次分配和多级分配之间的 SAGAT 得分差别不显著($p>0.05$)。脑力负荷的主效应显著[$F(1,21)=29.237,p<0.001,\eta^2=0.582$],事后比较发现,低脑力负荷的 SAGAT 得分显著高于高脑力负荷($p<0.001$)。

4. 眼动指标测量结果

如图 5.4(a)所示,不论在低脑力负荷还是高脑力负荷水平下,平均注视时间从平均分配、主次分配到多级分配均呈现先增后减的趋势。重复测量的 ANOVA 表明,注意力分配策略和脑力负荷之间的交互作用不显著[$F(2,42)=1.082,p=0.348,\eta^2=0.049$]。注意力分配策略的主效应显著[$F(2,42)=3.917,p=0.028,\eta^2=0.157$],事后比较发现,平均分配的平均注视时间显著低于主次分配($p=0.009$),其他注意力分配策略之间交互作用不显著($p>0.05$)。脑力负荷的主效应不显著[$F(1,21)=1.032,p=0.321,\eta^2=0.047$]。如图 5.4(b)所示,不论在低脑力负荷还是高脑力负荷下,NNI 指标从平均分配、主次分配到多级分配均呈现先减后增的趋势。重复测量的 ANOVA 发现注意力分配策略和脑力负荷之间的交互作用不显著[$F(2,42)=0.407,p=0.668,\eta^2=0.019$]。注意力分配策略的主效应显著[$F(2,42)=12.017,p<0.001,\eta^2=0.364$],事后比较发现主次分配的 NNI 显著低于平均分配($p<0.001$)和多级分配($p=0.014$),多级分配的 NNI 显著低于平均分配($p=0.045$)。脑力负荷的主效应不显著[$F(1,21)=0.103,p=0.752,\eta^2=0.005$]。

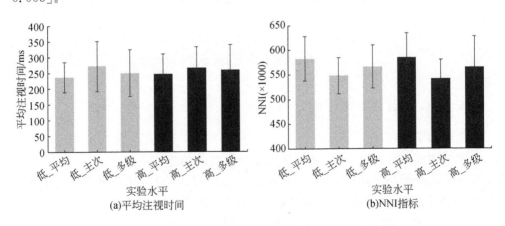

图 5.4　眼动测量的平均注视时间和 NNI 指标

5. EEG 指标测量结果

如图 5.5 所示,频谱地形图显示了 4 个频段相对功率的可视化的描述性结果,图中对各频段数据进行了归一化处理,并如图右侧显示色条在 0～1 的区间内进行标准化,其中红色表示更高的激活。考虑到大脑头皮中线电极点在信息认知加工和脑力负荷等相关研究中具有代表性,进一步选取 3 个大脑中线电极点(Fz、Cz 和Pz)进行数据分析。

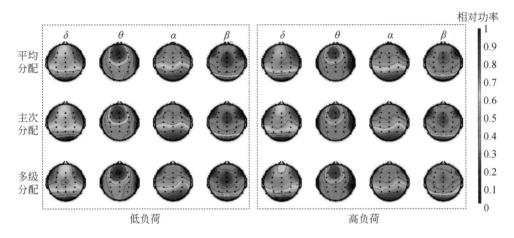

图 5.5　EEG 的 4 个频段相对功率的头皮分布地形图

对于 4 个频段脑电相对功率指标进行 3(注意力分配策略)×2(脑力负荷)×3(电极点)重复测量的 ANOVA。结果发现注意力分配策略×脑力负荷、注意力分配策略×电极点、脑力负荷×电极点以及注意力分配策略×脑力负荷×电极点的交互效应均不显著($p>0.05$)。注意力分配策略的主效应不显著($p>0.05$)。对于 θ 和 β 相对功率,脑力负荷的主效应均显著$[F(1,21)=10.568,p=0.004,\eta^2=0.335;F(1,21)=6.775,p=0.017,\eta^2=0.244]$。表现为低脑力负荷的 θ 相对功率显著高于高脑力负荷($p=0.004$)。低脑力负荷的 β 相对功率显著低于高脑力负荷($p=0.017$)。

6. 相关性分析结果

采用 Pearson 相关方法进行 SAGAT 得分与生理指标的相关性分析,以研究SA 的敏感指标。结果表明,高和低脑力负荷下不同注意力分配策略的 SAGAT 得分与平均注视时间低度正相关($r=0.320,p<0.001$),与 NNI 低度负相关($r=-0.225,p=0.008$)。SAGAT 得分与 Pz 电极点 θ 功率低度负相关($r=-0.251,p=0.004$),与 α 相对功率(Fz、Cz 和 Pz 点)低度正相关($r=0.202,p=0.020;r=0.223,p=0.010$ 和 $r=0.222,p=0.010$)。

5.1.4　讨论与结论

1. 讨论

为探索不同注意力分配策略对情境意识的影响,本研究基于期望价值模型选取了期望和价值因素进行了 3 种注意力分配策略的设置。通过实验设计值与眼动访问总时间的拟合结果可知注意力分配策略得到了有效的实现。在此基础上,采用了多种方法开展了不同注意力分配策略下的情境意识测量。

通过对 SAGAT 得分结果进行统计分析可知,当处于低脑力负荷时,平均分配下的 SAGAT 得分显著低于多级分配;当处于高脑力负荷时,主次分配下的 SAGAT 得分显著高于平均分配和多级分配。考虑到 SAGAT 方法对于情境意识评价的客观性已得到较为广泛的认可,不论在低脑力负荷还是高脑力负荷时,相比于其他注意力分配策略,被试在平均注意力分配策略下均表现出了更差的情境意识水平。分析其原因,平均注意力分配策略更容易导致作业人员注意力的分散,从而产生感知觉能力的下降;而多级和主次注意力分配策略因存在更为明确的信息优先级顺序因此容易让作业人员保持较高的警觉度水平,从而形成良好的情境意识。另外,本研究结果也发现,当处于高脑力负荷时,主次分配的 SAGAT 得分显著高于多级分配,即在高脑力负荷下,作业人员的总体认知资源和工作记忆容量均非常有限,重要等级划分明确且较少的信息优先级设计有利于作业人员把握关键性信息,从而可对于重要信息分配更多的注意资源,获得更好的情境意识。

从其他情境意识测量指标结果来看,与主次分配和多级分配相比,平均分配具有更低的绩效正确率和更大的 NNI 值;与主次分配相比,平均分配具有更长的绩效反应时间和更短的平均注视时间。绩效指标对于情境意识的测量虽然被视为一种间接的测量方法,但当被试经验水平一致时,仍能在一定程度上反映情境意识。本研究表明平均分配相比其他分配策略具有更差的绩效表现。平均注视时间记录为 MATB II 显示界面内所有注视点持续时间的平均值,NNI 指标揭示了注视点的密集程度,该值越接近于 0 说明注视点越集中[2]。

此外,低脑力负荷的 SAGAT 得分显著高于高脑力负荷,表明低脑力负荷下的情境意识高于高脑力负荷。随着脑力负荷水平的增加,被试的注意资源被不断消耗,这使得用于选择性注意加工过程的脑力资源减少,从而引发较差的情境意识。从脑电数据结果来看,低脑力负荷下的中线区具有更高的 θ 相对功率和更低的 β 相对功率,可能揭示了高脑力负荷下注意力集中程度和大脑警觉性的降低[6]。在进一步的相关性分析中发现了 SAGAT 得分与平均注视时间、NNI 存在低度显著负相关,与 θ 相对功率(Pz 点)和 α 相对功率(Fz、Cz 和 Pz 点)均存在低度显著正相关关系。结合生理指标针对脑力负荷和注意力分配策略的 ANOVA 结果,提示眼动的平均注视时间和 NNI 指标、EEG 的 θ 和 α 相对功率指标具有表征情境意识的潜力。

本研究结果可扩展至驾驶舱人机界面设计与人员培训方案设计中,如设定更为明确且区分度较大的信息优先级,控制同时要求作业人员分配注意资源的关键性信息数量;在执行常规低负荷任务时谨慎采用漫无目的的平均注意力分配策略,防止因注意力分散而引发的情境意识降低;在高负荷情境如特情处置时,紧急处置清单的设计应有利于突出重要操作,且尽可能简化操作步骤,可考虑合并多个操作进行一键式或模块化设计等。

2. 结论

本研究开展了高低脑力负荷下不同注意力分配策略对情境意识的影响实验研究,记录并分析了包括 SAGAT 方法、绩效、眼动和脑电指标在内的多种测量指标的结果。统计学结果发现,在不同的脑力负荷下,相较于多级注意力分配策略和主次注意力分配策略,平均注意力分配策略的 SAGAT 得分和绩效正确率均更低、NNI 更大;在高脑力负荷下,相较于多级注意力分配策略,主次注意力分配策略的 SAGAT 得分更高、绩效反应时间更短并且 NNI 值更低;低脑力负荷的 SAGAT 得分显著高于高脑力负荷;SAGAT 得分与平均注视时间、NNI、θ 相对功率(Pz)和 α 相对功率(Fz、Cz 和 Pz)均存在低度显著相关。研究结果表明:①不同脑力负荷条件下,采用平均注意力分配策略易导致作业人员的注意力分散,从而产生更差的工作绩效和更低的情境意识水平;②高脑力负荷条件下,相比于多级注意力分配策略,主次注意力分配策略更有助于作业人员提取关键信息从而维持更好的情境意识水平,但同时可能存在情境意识丧失的风险;③高脑力负荷水平下的情境意识低于低脑力负荷水平下的情境意识;④眼动的平均注视时间和 NNI 指标以及 EEG 的 θ 和 α 相对功率指标具有较好的表征情境意识的潜力。本研究可为复杂任务条件下驾驶舱人机界面的信息需求设计以及飞行任务培训策略的优化提供一定依据。

5.2　基于飞行仿真的座舱显示界面情境意识实验分析

飞机座舱显示界面(cockpit display interface,CDI)是实现信息感知最重要的人机界面之一。在飞机设计过程中,CDI 必须为飞行员提供足够的态势感知能力以维持飞行安全。为了研究飞行员-飞机系统中的态势感知,Wei 等[7]建立了驾驶舱飞行仿真环境,包括虚拟仪表板、飞行视觉显示器和相应的控制系统,并基于仿真环境,设计了人机回环实验,采用 SAGAT 测量人员情境意识。结合实验,分析了不同 CDI 设计下的情境意识水平。结果表明,分析情境意识可以作为评估 CDI

设计的客观方法,利用该方法,可以在实验飞行模拟环境中对 CDI 设计进行评估,并通过分析指导优化。

5.2.1　研究背景

　　飞机座舱是一个高度复杂的人机交互系统,而飞机座舱显示界面是人机交互最重要的设备之一。飞行员主要从 CDI 感知飞行信息,并根据其知识形成当前飞行环境的整体图像。在飞机设计过程中,情境意识经常被认为是改进设计的手段,因为 CDI 必须为飞行员提供足够的情境意识[8]。现有研究表明,飞行员的情境意识与飞行安全有直接关系,即情境意识越高,飞行员操纵飞行越有效,飞行越安全。如果 CDI 设计没有提供足够的情境意识,飞行驾驶员的性能将可能出现下降。

　　随着航空技术的飞速发展,航空仪表及其显示界面得到了极大的改善,并对飞行员情境意识提出了新的要求。为研究面向实际飞行任务的特定 CDI 设计下的情境意识,需要在真实飞行环境中采集和分析数据。然而,由于真实飞行活动的复杂性,此类研究往往昂贵而具有危险性。常见的解决方案是基于地面模拟飞行场景,在飞行仿真环境中开展理论研究,并可以通过再现飞行场景和任务仿真来研究情境意识。Endsley 等开发的 SAGAT 是一种适用于仿真环境的情境意识测量方法[9],可加入飞机设计过程进行 CDI 评估。

5.2.2　飞行仿真环境设置

　　飞行仿真环境由虚拟界面显示系统和飞行数据控制系统组成。虚拟界面显示系统包括虚拟仪表面板和飞行视景显示器,飞行数据控制系统由飞行参数仿真和电子仪表驱动系统以及实验控制和数据记录系统组成,如图 5.6 所示。为了显示飞行信息,使用虚拟仪表板模拟真实的驾驶舱仪表。根据飞行手册提供的数据,使用 DiSTI 的 GL Studio、Microsoft Visual Studio. Net 2008 和 Adobe Photoshop 创建虚拟仪器模型,开发过程如图 5.7 所示。

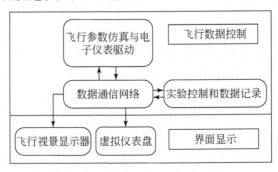

图 5.6　驾驶舱飞行模拟环境的构建

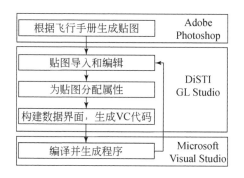

图 5.7　虚拟仪表板的生成过程

参考波音商用飞机公司的波音 737-800、空中客车公司的空客 A320 和中国商用飞机有限公司的 ARJ21 的飞行手册来生成虚拟仪表板。通过适当的简化和抽象，根据研究需要构建了三个虚拟仪表盘，如图 5.8 所示。

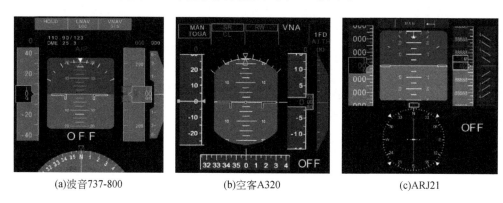

(a)波音737-800　　　　　　　　(b)空客A320　　　　　　　　(c)ARJ21

图 5.8　虚拟仪表盘

飞行视景显示基于 MultiGen-Paradigm Vega Prime 构建的虚拟场景。实验控制和数据记录系统用于控制实验的开始、暂停和终止，读取设置的 SAGAT 题库并可以在设定时间遮盖虚拟仪表显示界面并同时显示问题界面，然后对结果数据以文件方式进行存储。飞行参数仿真和电子仪器驱动系统使用飞行方程计算飞机在当前环境中的六自由度坐标值，再通过计算转换为所需的航空电子仪表数据，可以直接驱动虚拟仪表面板的显示。该系统能够完整模拟大约 12min 的从起飞、爬升、巡航、下降一直到降落的整个飞行过程中所需的各类数据。数据通信通过 UDP 网络接口进行两台服务器的数据同步，其他各系统只需将数据写入本机上该系统的共享内存即可，也可以从中读取，网络会自动通信传递数据。

5.2.3　座舱情境意识测量方法

从认知心理学信息加工模型的角度,可以将情境意识划分为三个相对的层次:感知当前环境、理解当前状态和预测未来状态。目前广泛使用的 SAGAT 方法属于计算机化冻结技术进行的记忆探查测量,这种方法在计算机屏幕上模拟任务,并使其在随机确定的时间点停止。在此期间,所有与任务相关的信息都被清除,被试被要求回答与任务有关的问题。该方法要求机组人员能对自己当前所处环境进行评估,并回答与当前情境相关的问题,回答的正确与否客观反映了作业人员当前情境意识水平的高低。

此外,Wilson 提出了使用生理测量的方法来判断被试是否接收到实验环境中的重要信息,进而测量 SA[10]。其生理指标包含事件相关电位(ERP)、事件相关去同步化(event related desynchronization,ERD)脑电波动、心率(HR)和皮肤电活动(EDA)。研究表明,HR 与情境意识之间存在一定程度的相关性。

5.2.4　实验方法

1. 被试

来自北京航空航天大学的 30 名被试(年龄 22~28 岁,平均 24 岁,其中女性 11 名,男性 19 名)参加了本次实验。他们在飞行模拟器中接受了充分的训练,所有被试者视力或矫正视力正常。

2. 实验设计

本研究面向三种不同的 CDI 测量情境意识,如图 5.8 所示。采用单因素随机完全区组设计,每位被试均参与三种不同显示界面下的飞行模拟任务,实验的因变量包括认知任务的情境意识数据和生理数据。两个任务之间间隔 1 周,以消除生物节律和记忆的中断。每周同一时间进行实验,不同界面的实验顺序交叉平衡。飞行任务约为 12min,包含飞机从起飞、爬升、巡航一直到降落的整个过程。

模拟飞行过程中,被试需密切监视仪表界面的空速、海拔高度、滚转、俯仰、航向和起落架状态信息,其间在随机时间出现 SAGAT 问题界面并冻结飞行过程。问题呈现时间为 10s,被试需在该段时间内作答,作答后问题界面将自动消失,飞行模拟任务继续进行,直到飞行任务完成[11]。如果被试在 10s 内仍未作答,问题界面也将自动消失,问题呈现间隔不定。程序会自动记录按键的正确或错误及反应时间。采用 TH-P 生理测试仪记录实验期间被试者的 HR 数据。

根据 SA 的理论模型,SAGAT 问题可以分为三个不同的层次[12],即对当前环境的感知,如俯仰角、空速、气压高度等;对当前环境的理解,如当前速度或者高度是高于还是低于设定值,具体数值是多少等;以及对未来状态的预测,如在下一个时刻预定的飞行轨线会爬升还是下降等。根据这些问题建立飞行中常用重要飞机姿态信息的题库,为了保证这些问题可以用于考查被试对飞行信息的理解,首先在预实验中进行了测试。正式实验时随机抽取 24 个涵盖情境意识三个层次的问题用于情境意识测量。

5.2.5　实验结果

1. SAGAT 结果

根据 SAGAT 测试方法理论,SAGAT 问题回答的正确率代表了作业人员情境意识的高低。表 5.4 显示了不同界面和 SA 三个层次下 SAGAT 问题的正确率。从总体情境意识来看,三种不同显示界面下的情境意识高低顺序为:仿波音＞仿 ARJ21＞仿空客,方差分析表明,仿波音显示界面下作业人员的情境意识总体水平显著高于空客显示界面($p<0.05$)。从情境意识第一层次来看,三种不同显示界面下的情境意识高低顺序为:仿波音＞仿 ARJ21＞仿空客,方差分析表明作业人员在仿波音显示界面下的情境意识显著高于仿空客显示界面($p<0.05$);从情境意识第二层次来看,三种不同显示界面下的情境意识高低顺序为:仿 ARJ21＞仿空客＞仿波音,方差分析表明作业人员在仿空客显示界面下的情境意识显著高于仿波音显示界面($p<0.05$);从情境意识第三层次来看,三种不同显示界面下的情境意识高低顺序为:仿波音＞仿空客＞仿 ARJ21,方差分析表明作业人员在三种显示界面下的情境意识差异不显著($p>0.05$)。

表 5.4　不同仿真界面和 SA 三个层次下 SAGAT 问题的正确率(以百分比表示)

| 界面 | SA 水平/% | | | | | | | |
| | 感知 | | 理解 | | 预测 | | 总体 | |
	M	SD	M	SD	M	SD	M	SD
仿空客	75.96	17.20	88.33	8.64	89.43	12.39	78.55	15.69
仿波音	83.28	11.60	84.17	11.14	92.87	12.74	84.13	11.69
仿 ARJ21	79.30	16.19	93.33	4.68	88.13	18.43	82.49	16.29

2. 生理测量结果

不同界面下的平均心率如表 5.5 所示。从表中可以看出,三种不同显示界面下心率高低顺序为仿波音＞仿 ARJ21＞仿空客,方差分析表明被试在波音显示界面下的心率显著高于仿空客显示界面($p<0.05$)。

表 5.5　不同仿真界面下的平均心率

界面	平均心率/(次/min)	
	M	SD
仿空客	76.58	1.57
仿波音	82.15	1.46
仿 ARJ21	78.94	2.17

5.2.6　讨论与结论

从实验结果可以看出,三种显示界面的情境意识测量正确率均高于 75%,说明三种显示界面的设计均可以保证飞行员基本的信息获取。分析波音仿真显示界面下作业人员的总体情境意识水平与空客显著不同的原因,是与驾驶舱信息显示界面的设计理念不同相关。从自动化水平来看,空客飞机自动化程度更高,更多的工作任务被自动完成,飞行员对信息获取的需求相应减少,许多重要信息被处理后进行综合显示;从人机功能分配来看,波音飞机将更多的任务分配给飞行员,要求其更加积极地参加到飞行任务中,这样虽然提高了飞行员的工作负荷,但是也能够提供更进一步的情境感知。这些因素产生了两种显示界面的微小差异,而 ARJ21 在设计时参考了该两类飞机的显示界面设计,综合考察了其优缺点,设计出了平衡自动化水平和人机功能分配的界面。

进一步结合情境意识的三个层次对实验数据进行分析。在第一层次对环境感知的数据中,波音仿真显示界面下的情境意识测试得分显著高于空客仿真显示界面,提示波音的仿真显示界面设计对环境感知的要求比较高,作业人员分配了更多的注意力用于提取这些信息,造成了在这一层次较高的情境意识水平;在第二层次对信息理解的数据中,空客仿真显示界面下的情境意识测试得分显著高于波音仿真显示界面,提示在空客仿真显示界面下,虽然减少了对感知数据的获取,但由于其对信息的综合处理显示,飞行员更容易获得能够被理解的飞行信息,而波音仿真显示界面由于要求更多信息感知造成了较大的脑力负荷,使其对获取信息的处理效率下降;在第三层次对未来预测的数据中,三种仿真显示界面没有显著差异,提示该层次三种界面设计方式未体现出明显的优劣区分。从生理测量数据来看,波音仿真显示界面使被试处于需要较多注意资源分配以增加对环境情境感知的情况下时,作业人员因为脑力负荷较高,生理指标趋向于更加活跃。

本研究可获得下述结论。①基于飞行仿真,可以在 CDI 的设计阶段快速灵活地构建飞行环境。通过 SAGAT 方法,可以对显示界面进行客观评估。研究结果反映了 SA 水平可用于评估 CDI 设计,从而为飞机人机界面设计提供参考。②基于波音、空客和 ARJ21 三种不同飞机驾驶舱仿真显示界面的实验表明,CDI 设计对作业人员的 SA 水平有显著影响。三种不同显示界面对情境意识的第一层次(感知)、第二层次(理解)影响显著,该差异在一定程度上反映了三种驾驶舱仪表显示界面设计理念的不同,生理测量结果提供了辅助分析方法。通过对 SA 的分析,可以为界面的优化设计提供参考。

5.3　态势图显示模式与交互方式对预警机任务绩效的影响

预警机(early warning aircraft,EWA)是空中探测的主要力量,其人机界面(human-machine interface,HMI)的设计应支持任务效率和安全性。Liang 等[13]基于某型预警机目标探测任务仿真平台,开展了不同操控方式(触屏/鼠标)和态势地图显示模式(彩色/灰度)在不同信息复杂度(高/低)下对人员任务绩效和 SA 影响的工效学实验研究,研究结果对电子战任务系统人机界面的优化设计具有指导意义。

5.3.1　研究背景

随着计算机技术、通信与网络技术、软件技术的发展,预警机在产品和技术形态上变得更加智能化、人性化,逐渐成为空中指挥管理的核心。显控台人机界面呈现的信息量也更多,人机交互更加复杂。触控作为一种直接的人机交互方式,具有输入和输出直接关联的特性,相比非直接的交互方式如鼠标、轨迹球等,具有降低人员工作负荷、增强情境意识的潜在优势[14]。触控在消费电子产品中应用非常广泛,但在航空领域中面临着更复杂的使用场景,需要考虑振动、误操作、信息反馈、肌肉疲劳等触屏设计问题[15],已有研究中对触屏设计的尺寸大小、位置布局、振动[16]等进行了大量研究。触屏操作具有直接输入的优势,在预警机目标探测任务中,两者的差异还需进一步研究。

显示界面是作业人员获取信息的主要来源,对于预警机侦察任务,态势地图是整个显示界面的核心,包含了大量的作业任务信息如目标类型、方位、地理位置、系统状态等。态势地图的显示模式、布局、杂乱等均可能对操作人员的任务绩效造成影响。人机交互方式的设计还需要考虑到作业条件的影响,如信息量过大时,频繁的触屏操作会造成更高的体力负荷从而降低绩效。高信息复杂度下,操作人员对态势地图信息的感知能力、注意分配能力均可能发生变化。因此,新的交互方式设计需要考虑对不同作业任务条件的适应性。

本研究基于某型预警机目标探测任务仿真平台,开展不同操控方式(触屏/鼠标)和态势地图显示模式(彩色/灰度)在不同信息复杂度(高/低)下对人员任务绩效影响的工效学实验研究。

5.3.2　实验方法

1. 被试

实验共招募 18 名被试,年龄范围 21~27 岁($M=23.67$ 岁,$SD=1.68$ 岁),其中男性 12 名,女性 6 名。所有被试均为在校大学生,身体健康状况良好,视力或矫正视力正常。由于测试设备原因,其中 1 人实验数据没有采集成功,最终 17 人的实验数据纳入分析。

2. 实验材料

实验基于某型预警机目标探测任务仿真平台,该平台具备高保真度,可以仿真不同实验条件下的侦察任务,并支持不同的操控交互方式如触屏操作、鼠标操作等。显控台软件界面可分为菜单栏、工具栏以及态势地图等,态势地图的颜色有彩色模式和灰度模式两种方式。彩色模式下的地图要素如城市、道路、目标等采用不同颜色编码,亮度较高;灰色模式下只采用不同的灰度值进行编码,亮度差异小。

生理测量设备方面,实验采用了可穿戴式眼动仪 Tobii Glass 2 实时采集被试的眼动数据,采样频率为 50Hz,采样准确度<0.5°,眼动追踪范围为水平 82°/垂直 48°,校准程序采用一点校标法。眼动原始数据利用 Tobii Pro Lab 软件进行处理,包括兴趣区域划分、空间映射、输出眼动指标等。通过北京津发科技的光电脉搏传感器采集人体耳脉数据,采样频率 64Hz,离线数据利用人机环境同步平台 Ergolab 软件对采集信号进行滤波、R 波标记等数据处理,从而提取出心率、心率变异性等分析指标。

3. 实验任务

实验任务为雷达目标探测模拟任务,在任务过程中,要求被试对软件系统进行设置,搜索探测范围内的特定目标。按照任务流程可以划分为航线规划、雷达配置和目标搜索三个任务阶段。具体而言,在航线规划任务阶段,需要在态势地图上搜寻 4 个目标城市,并依次连接作为飞机的飞行航线;在雷达配置任务阶段,需要通过菜单栏调取一级和二级功能按钮,设置雷达的监控区域范围、监控模式等;在目标搜索任务阶段,需要在指定监控范围内搜寻特定编号的目标,搜索完成后查看目标标牌信息并汇报目标参数。

4. 实验设计

实验采用 2(操控方式:触屏/鼠标)×2(态势地图显示模式:彩色/灰度)×2(信息复杂度:高/低)三因素完全被试内设计。通过触屏或鼠标操作均可单独完成实验任务;彩色显示下使用了多种颜色编码表示地图元素,如陆地、海洋、公路等,而灰度显示下主要使用不同灰度值进行区分;高信息复杂度下,搜索目标在 360°范围内出现,低信息复杂度下,搜索目标只在 180°范围内出现。

实验因变量包括任务绩效、主观量表和生理参数指标。任务绩效指标包括任务完成总时间和目标搜索反应时间,其中目标搜索任务反应时间的操作定义为被试听到搜索指令到输入第一个目标参数之间的间隔,由软件自动记录按键时间。主观量表为工作负荷主观量表 NASA-TLX,该量表从脑力需求、体力需求、时间需求、绩效满意度、努力程度、受挫程度 6 个维度对工作负荷进行评价。生理测量指标包括心电和眼动测量,其中心电测量指标包括平均心率、心跳间隔(inter-beat interval,IBI)和 SDNN;眼动测量指标包括注视点数目、平均注视时间、眼跳数目和平均眼跳峰值速度。

5. 实验流程

参试人员在实验前对实验目的和实验内容均知情同意,并签署实验知情同意书。实验包括培训和正式实验两个阶段。培训阶段包括熟悉实验平台的使用方法,练习实验任务,并由主试针对实验量表进行培训以保证被试对其含义理解一致。然后佩戴生理测试设备并进行校准,每名被试需要在两种态势地图显示模式下(彩色/灰度)各完成 1 轮次实验任务。每轮次实验任务具体包括 4 次试验(操控方式 2×信息复杂度 2),每次试验后进行主观量表评价。每轮次实验任务持续时长约 30min,两轮次实验任务之间安排 10min 休息时间。为消除疲劳效应和练习效应,试验顺序利用拉丁方进行平衡。

5.3.3　结果与讨论

1. 实验结果

采用统计软件 SPSS Statistic 23.0 进行 ANOVA。应用 2(态势地图显示模式:彩色/灰度)×2(操控方式:触屏/鼠标)×2(信息复杂度:高/低)重复测量 ANOVA 方法对各个因素的主效应进行检验,正态性检验采用 Shapiro-Wilk tests,显著性水平设置为 0.05,并采用偏η^2进行效应量估计。数据图表中,误差棒表示标准差,带有星号表明该变量的主效应显著。

1) 任务绩效测量结果

对于任务完成总时间指标,如图 5.9(a)所示,操控方式和信息复杂度的主效应显著[$F(1,16)=17.794,p=0.001,\eta^2=0.527;F(1,16)=6.428,p=0.022,\eta^2=0.287$],态势地图显示模式的主效应不显著($p=0.9$),所有交互效应均不显著($p>0.1$)。触屏操作时任务完成总时间更长,高信息复杂度下任务完成总时间更长。

对于目标搜索反应时间指标,如图 5.9(b)所示,信息复杂度的主效应显著 $[F(1,16)=6.369,p=0.023,\eta^2=0.285]$,操控方式的主效应不显著$[F(1,16)=0.463,p=0.506,\eta^2=0.028]$,态势地图显示模式的主效应不显著$(p=0.896)$,所有交互效应均不显著$(p>0.1)$。高信息复杂度下的反应时间高于低信息复杂度,鼠标操作的反应时间略高于触屏操作。

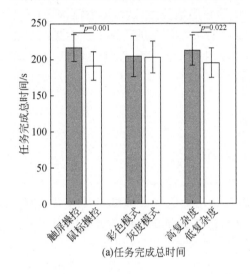 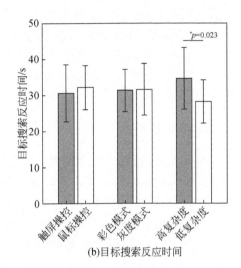

图 5.9　任务绩效测量结果

2) 主观量表测量结果

不同实验条件下 NASA-TLX 的统计结果如表 5.6 所示,操控方式对体力需求的主效应显著,触屏操控下的体力需求得分要高于鼠标操作;对于态势地图显示模式,彩色和灰度模式在 NASA-TLX 得分上差异均不显著(所有 $p>0.1$);信息复杂度在 NASA-TLX 总分、脑力需求、绩效满意度和努力程度方面的主效应显著,高信息复杂度下的得分均更高。

表 5.6　NASA-TLX 统计结果

评分维度	操控方式					态势地图显示模式					信息复杂度				
	触控 鼠标					彩色 灰度					高 低				
	M M (SD)(SD)	F	p	η^2		M M (SD)(SD)	F	p	η^2		M M (SD)(SD)	F	p	η^2	
总分	27 24 (16)(16)	1.10	0.309	0.06		24 27 (15)(19)	0.64	0.436	0.04		27 24 (15)(16)	6.98	**0.018***	0.30	

续表

评分维度	操控方式					态势地图显示模式					信息复杂度				
	触控	鼠标				彩色	灰度				高	低			
	M (SD)	M (SD)	F	p	η^2	M (SD)	M (SD)	F	p	η^2	M (SD)	M (SD)	F	p	η^2
脑力需求	25 (16)	26 (17)	0.18	0.681	0.01	25 (16)	27 (19)	0.33	0.571	0.02	28 (16)	24 (17)	6.26	**0.024**＊	0.28
体力需求	28 (20)	16 (10)	7.81	**0.013**＊	0.33	22 (14)	23 (16)	0.03	0.867	0.00	23 (13)	22 (13)	1.45	0.247	0.08
时间需求	21 (12)	20 (15)	0.10	0.762	0.01	20 (12)	22 (14)	0.96	0.341	0.06	22 (12)	19 (13)	3.93	0.065	0.20
绩效满意度	29 (22)	25 (18)	0.77	0.394	0.05	23 (16)	31 (26)	2.23	0.155	0.12	30 (19)	24 (18)	8.30	**0.011**＊	0.34
努力程度	34 (24)	32 (25)	0.39	0.540	0.02	34 (25)	32 (25)	0.31	0.588	0.02	36 (24)	30 (24)	10.68	**0.005**＊	0.40
受挫程度	22 (16)	21 (17)	0.01	0.934	0.00	20 (14)	21 (21)	0.96	0.343	0.06	22 (16)	20 (17)	1.61	0.223	0.09

对于交互效应,只发现态势地图显示模式×信息复杂度在时间需求上交互效应显著[$F(1,16)=6.498,p=0.021,\eta^2=0.289$],其余均不显著($p>0.05$)。高信息复杂度时,灰度显示得分($M=24.9$)高于彩色显示($M=19.5,p=0.042$),低信息复杂度时,两者差异不显著($p=0.633$)。

3) 心电测量结果

对于平均心率测量指标,操控方式的主效应显著[$F(1,16)=16.189,p=0.001,\eta^2=0.503$],其他因素主效应不显著($p>0.05$),如图5.10(a)所示。触屏操控时平均心率高于鼠标操作。态势地图显示模式×操控方式的交互效应显著[$F(1,16)=8.813,p=0.009,\eta^2=0.355$],其他交互效应不显著($p>0.05$)。简单效应分析表明不论是彩色显示还是灰度显示下,触屏操作的平均心率都显著高于鼠标操作方式($p=0.001,p=0.024$),彩色显示时两者的差异更大。

对于IBI指标,只有操控方式的主效应显著[$F(1,16)=20.114,p<0.001,\eta^2=0.557$],其他主效应及交互效应均不显著($p>0.1$),如图5.10(b)所示。触屏操作的IBI值低于鼠标操作。

对于SDNN指标,没有发现显著的主效应或交互效应。从平均值趋势上看,低信息复杂度时的SDNN低于高信息复杂度,不同操控方式和态势地图显示模式之间的差异不大。

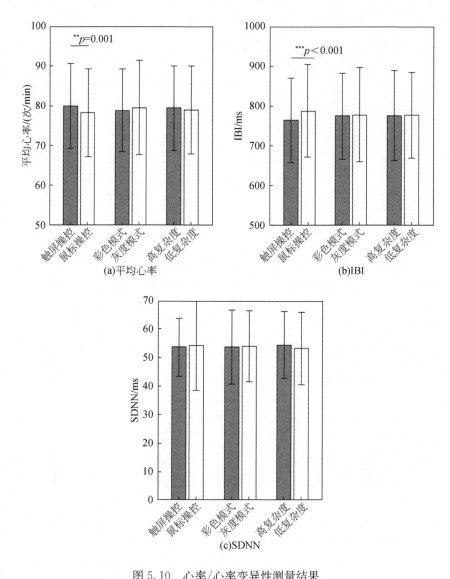

图 5.10　心率/心率变异性测量结果

4）眼动测量结果

眼动测量统计结果如表 5.7 所示。测量指标包括注视点数目、平均注视时间、眼跳数目和平均眼跳峰值速度。

表 5.7　眼动测量统计结果

眼动指标	操控方式					态势地图显示模式					信息复杂度				
	触控	鼠标				彩色	灰度				高	低			
	M (SD)	M (SD)	F	p	η^2	M (SD)	M (SD)	F	p	η^2	M (SD)	M (SD)	F	p	η^2
注视点数目	328 (49)	274 (46)	24.22	<0.001*	0.60	299 (53)	303 (57)	0.04	0.845	0.002	321 (44)	281 (53)	11.22	0.004*	0.41
平均注视时间	1.20 (0.33)	1.36 (0.35)	9.79	0.006*	0.38	1.29 (0.29)	1.28 (0.37)	0.17	0.689	0.01	1.31 (0.37)	1.26 (0.307)	1.19	0.291	0.07
眼跳数目	170 (48)	172 (46)	0.07	0.797	0.01	147 (50)	195 (50)	14.06	0.002*	0.50	182 (51)	160 (40)	6.97	0.019*	0.33
平均眼跳峰值速度	231 (21)	222 (13)	3.51	0.082	0.20	225 (16)	227 (17)	0.34	0.57	0.02	225 (16)	227 (16)	0.49	0.495	0.03

　　对于注视点数目,操控方式和信息复杂度的主效应显著,两者的交互效应也显著[$F(1,16)=5.802, p=0.028, \eta^2=0.266$],如图 5.11(a)所示,在鼠标操作时,信息复杂度之间差异不显著($p=0.150$),在触屏操作时,高信息复杂度下的注视点数目显著高于低复杂度($p=0.001$)。其余交互效应不显著($p>0.1$)。

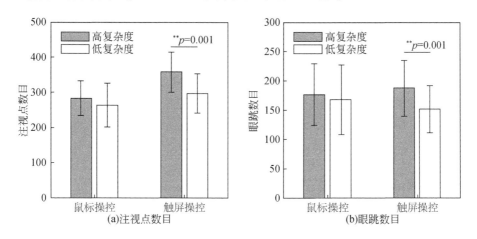

图 5.11　不同操控方式与信息复杂度下的注视点数目和眼跳数目

　　对于平均注视时间指标,操控方式的主效应显著[$F(1,16)=9.873, p=0.006, \eta^2=0.379$],其他主效应及交互效应均不显著($p>0.05$)。触屏操作的平均注视时间要低于鼠标操作。

　　对于眼跳数目指标,信息复杂度和态势地图显示模式的主效应显著,操控方式的主效应不显著。灰度显示的眼跳数目要高于彩色显示。信息复杂度与操控方式的交互效应显著[$F(1,16)=7.926, p=0.014, \eta^2=0.361$]，如图 5.11(b)所示，在鼠标操作时，信息复杂度之间差异不显著($p=0.698$)，在触屏操作时，高信息复杂度下的注视点数目显著高于低复杂度($p=0.001$)。其余交互效应不显著($p>0.1$)。

对于平均眼跳峰值速度指标，操控方式的主效应临界显著，其余主效应不显著。态势地图显示模式与操控方式的交互效应临界显著[$F(1,16)=3.374, p=0.088, \eta^2=0.194$]，其他交互效应不显著($p>0.1$)。灰色显示时，触屏操作的平均眼跳峰值速度显著高于鼠标操作($p=0.029$)，彩色显示时两者差异不显著。

2. 实验结果讨论

研究基于某型预警机目标探测任务仿真平台，探讨不同操控方式(触屏/鼠标)和态势地图显示模式(彩色/灰度)在不同信息复杂度(高/低)下对人员绩效的影响。整体来看，触屏操作和信息复杂度对任务绩效和工作负荷均有显著影响，态势地图显示模式和其他因素呈现出交互作用。

1) 操控方式的影响

研究发现触屏操作相比传统的鼠标操作方式，需要更长的任务完成总时间。一方面预警机显控台触屏操作需要保持手臂悬空，缺乏手臂支撑的设计，造成了更高的体力需求和疲劳，从而降低了任务完成速度。主观评价和心电测量也表明触屏操作下的工作负荷更高，具体表现为 NASA-TLX 量表中体力需求得分更高，心电指标中心率更快，心跳间隔更短。另一方面，与触控交互设计欠缺有关，实验发现触屏操作的失败率更多，重复操作更频繁。主要因为在移动和缩放地图时，点击与长按的交互手势设计易相互误触发，造成非预期操作。现有研究中，菲茨定律(Fitts' law)常用于拟合点击任务的触控操作时间，结果表明移动时间最短。而本研究中任务场景更为复杂，除了简单的点击还需要移动、缩放地图等操作。相反，鼠标操作提供了更为精确和快速的交互方式，实验表明，实际任务环境中引入新的触控技术需要考虑更多设计细节。

研究还发现了触屏操作的平均注视时间要短于鼠标操作，以及在态势地图灰色模式下时，触屏操作的平均眼跳峰值速度更快。平均注视时间更短表明对信息认知加工更快，可以更快速地提取信息，平均眼跳速度更快也说明触屏操作促进了对信息的处理，表明更高的情境意识水平，这可能是因为触屏操作是一种更自然的交互方式，手眼协调的难度更低，从而表明触屏操作在时间反应关键的任务中具有应用的前景。

2) 态势地图显示模式的影响

在任务完成时间和工作负荷上，态势地图显示模式之间差异不显著，但对眼跳数目的主效应显著。灰度显示模式下的眼跳数目显著高于彩色显示模式，表明灰度显示模式下视觉搜索量更高,彩色显示利用不同颜色编码地图元素,更有利于区分目标,降低视觉搜索量。主观评分也发现对于 NASA-TLX 时间需求维度,高信息复杂度下灰度显示模式的得分更高,说明被试感受的时间压力更大。通过不同颜色编码态势地图显示信息,从情境意识感知层看,有助于操作人员快速定位目标,减少搜索,从而提高了情境意识水平。

研究还发现态势地图显示模式与操控方式在平均心率和平均眼跳峰值速度上有交互作用,灰度显示模式下触屏操作与鼠标操作的心率差异更小,触屏操作的平均眼跳峰值速度高于鼠标操作。文献表明更低的眼跳速度与更高的工作负荷和疲劳相关联,实验结果说明灰度显示可以缩小两种操作方式之间的差异,降低触屏造成的工作负荷水平。这可能是因为灰度显示下的亮度和对比度更加柔和,有助于减少视觉疲劳。

3) 信息复杂度的影响

研究发现高信息复杂度下任务完成总时间和目标搜索反应时均显著高于低复杂度,同时也造成了更高的工作负荷,表现为 NASA-TLX 量表的总分、脑力需求、绩效满意度和努力程度等维度。预警机侦察任务需要操作人员高度集中的注意力,根据基于多资源负荷理论的情境意识模型,随着工作负荷的增加,情境意识水平会降低,导致了侦察任务绩效的下降。

高信息复杂度下,需要更多时间从众多可能目标中找到特定目标,如希克定律(Hick's law)所预测的一样。眼动测量还揭示出了信息复杂度与操控方式之间的交互效应,在触屏操作时,高信息复杂度下注视点数目和眼跳数目更多,说明造成了更高的注意资源需求。在任务系统设计与任务功能分配中,需要考虑到作业人员工作负荷与注意资源的限制,实验结果表明,鼠标操作可能更适合于工作负荷动态变化的环境,有助于保持稳定的视觉资源需求。

5.3.4　结论

本研究基于某型预警机目标探测任务仿真平台开展工效学实验,对不同操控方式(触屏/鼠标)和态势地图显示模式(彩色/灰度)在不同信息复杂度(高/低)下对人员绩效的影响进行实验研究,实验结果表明:

(1)触屏操控比鼠标操控需要更长的任务完成总时间,并造成了更高的体力负荷。在没有提供手臂支撑的人-机系统设计中,应避免长时间使用触屏操作进行远距离的作业。另外,触屏操作具有更加自然的交互优势,可以降低平均注视时间,促进感知信息加工,提高情境意识,具备潜在应用前景。

(2)高信息复杂度下,态势地图灰度显示模式引发更多的眼跳,时间需求和视觉搜索量均更高,彩色显示模式有效减少了目标搜索时间,更有助于提高情境意识水平。同时,灰度模式下不同操控方式之间的工作负荷差异更小,更适合在多通道交互的环境下应用。

（3）信息复杂度增加会显著增加任务完成总时间和工作负荷,降低目标搜索任务绩效,人-机系统设计时需要合理考虑作业人员的工作负荷限制。另外,高信息复杂度时,鼠标操作的注视和眼跳数目均更少,表明鼠标操作可能更适合于工作负荷动态变化的环境,有助于保持稳定的视觉资源需求。

5.4　民机显示界面设计与任务复杂度对情境意识的影响

5.4.1　研究背景

异常飞行情境下,非预期异常事件(如航路临时变更引发的操作流程变化、监控信息数量变化等)会引起任务复杂度的骤增,进而对飞行员的认知能力(如 SA)和行为能力(如操作绩效)产生不利影响。因此,有必要探究异常飞行情境(高任务复杂度条件)下情境意识降级的内在动因,并检验基于常规飞行情境设计的驾驶舱显示界面在异常飞行情境下对情境意识的支持效度。

本研究案例目的在于探讨任务复杂度和界面设计对模拟飞行任务中的模拟操作飞行员的情境意识的影响,进而分析复杂任务条件下的 SA 变化特性,并评估界面设计品质。

5.4.2　实验方法

本研究案例目的在于探讨任务复杂度和界面设计对模拟飞行任务中的模拟操作飞行员的情境意识的影响,进而分析复杂任务条件下的情境意识变化特性,并评估界面设计品质。

1. 实验设计

实验在高保真模拟飞行平台上开展(图 5.12),在模拟飞行平台上配备了与场景相机相结合的 Tobii Pro X3-120 眼球运动追踪系统,以记录被试的眼球运动数据以及在不同界面区域的视觉注意行为,进而分析模拟飞行中不同实验条件下被试的视觉注意资源分配策略。

实验采用 2×3 被试内双因素重复测量设计,以任务复杂度和界面设计为实验独立变量(dependent variables)。模拟飞行中被试完成模拟起飞、巡航和降落。模拟飞行在手动操作模式下进行,任务复杂度变量包括两个水平:对应低任务复杂度的原定航路(air-route-as-planned)和对应高任务复杂度的变更航路(air-route-altered),如图 5.13 所示。

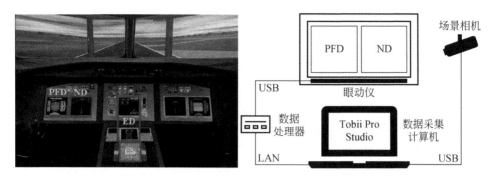

图 5.12 高保真模拟飞行平台(左)与眼球运动追踪系统(右)

PFD:主飞行显示器;ND:导航显示器;ED:发动机状态显示器;CS:触控屏控制台

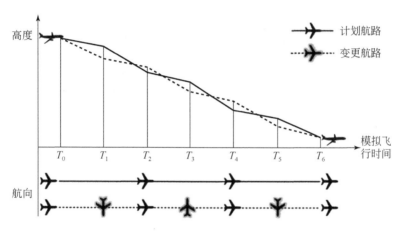

图 5.13 任务复杂度设计

实验研究中所采用的界面设计提取和模拟自实际飞行场景,不同的飞行信息显示设计方案预期会影响被试的认知与行为能力。如图 5.14 所示,本实验选取了三种经典的民航驾驶舱界面设计方案,可主要基于 PFD 的设计方式来区分它们的差别。其中,仿真界面 1 采用了信息低突显、中心布局设计,该特征主要提取自 A320 驾驶舱界面;仿真界面 2 采用了信息中等突显、中心布局设计,该特征主要提取自 B737 驾驶舱界面;仿真界面 3 采用了信息高突显、偏心布局设计,该特征主要提取自 ARJ-21 驾驶舱界面。

本实验将仿真显示界面划分为四个兴趣区(AOI),以检验模拟飞行任务中被试的视觉注意分配行为。AOI 是根据模拟飞行任务需求划分的,包括 PFD 和 ND 的整体兴趣区、速度兴趣区、高度兴趣区和航向兴趣区,如图 5.15 所示。这些兴趣区所组成的界面包含被试模拟飞行姿态控制所需的各项信息。

界面1　　　　　　　　界面2　　　　　　　　界面3
中心布局、低突显性　　中心布局、中突显性　　偏心布局、高突显性

图 5.14　显示界面设计

图 5.15　显示界面兴趣区划分

①AOI 1:整体兴趣区;②AOI 2:速度兴趣区;③AOI 3:高度兴趣区;④AOI 4:航向兴趣区

2. 被试

共招募 24 名在校研究生(15 名男性和 9 名女性)作为被试参加本实验,所招被试均来自北京航空航天大学航空科学与工程学院,均具有良好的航空背景,对模拟飞行拥有足够熟练的操作经验。被试平均年龄为 23.1 岁(SD=0.2 岁)。所有被试均是右利手,视力和听力正常,无色盲色弱等症状。在实验前所有被试均签写了书面知情同意书。

3. 实验实施流程

模拟飞行实验的实施流程如图 5.16 所示。实验前,所有被试均参加模拟飞行平台的操作培训,阅读给定的飞行任务计划,练习同时手动操作相关手持控制设备(如推力杆、襟翼、驾驶杆、驾驶盘等),达到良好的手眼协调性,以熟练控制和稳定保持飞行速度、高度、航向等姿态参数。

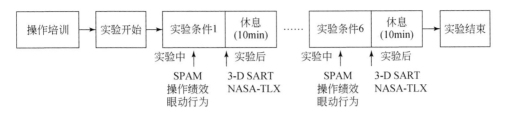

图 5.16 实验实施流程

在每次模拟飞行期间,实验主试人员会随机开展 SPAM 问询,从而用于测试被试即时的情境意识。被试听到问询后应尽可能快速、准确地作答,同时不得中断飞行操作,记录被试的响应准确性和响应时长。在每次模拟飞行结束后,被试需开展自我评估,基于模拟飞行体验,就模拟飞行过程中情境意识水平和工作负荷填写情境意识评价量表(3-D SART)和工作负荷评价量表(NASA-TLX)。

4.情境意识测量方法

本研究采用主观评估、行为绩效和生理(眼动)测量方法,包括 3-D SART 和 SPAM 两种 SA 直接测量方法。对于 3-D SART,本研究还采用注意资源供给与注意资源需求的差值来评估被试的注意资源富裕程度,即注意资源富裕度(attention resource surplus,ARS),以反映被试对自身在完成任务之外仍可用的注意资源量的主观评估。SPAM 通过快速问答评估被试的情境意识水平,记录响应准确性和时长。实验还采集了与情境意识相关的操作绩效、眼动行为和工作负荷等指标进行评估。眼动仪记录视觉注意行为分析信息感知和注意资源分配策略,NASA-TLX 量表评估工作负荷(用于验证两种任务复杂度水平的区分度)。

5.4.3 实验结果

1. 3-D SART 量表分析结果

对于界面 1 和界面 3,变更航路任务条件下的情境意识评分分别比原定航路任务条件下的情境意识评分下降 18% 和 21%。而对于界面 2,两种任务复杂度条件下的情境意识评分无显著差异。变更航路任务条件下的注意资源需求量相比原定航路任务条件增加了 30%,注意资源供给量增加了 14%,而注意资源富裕度则大幅减少了 80%,趋于耗尽,如图 5.17 所示。

2. SPAM 反应正确率和反应时分析结果

反应正确率越高、平均反映时长越短,表明情境意识水平越高。在本实验中,

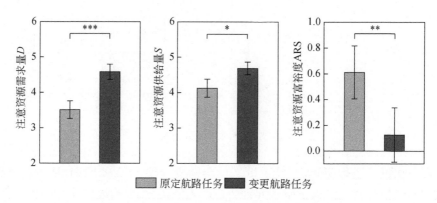

图 5.17　任务复杂度对 3-D SART 量表子维度评分的主效应

对于 SPAM 反应正确率,任务复杂度的主效应显著;变更航路任务条件下的反应正确率相比原定航路任务条件下降了 9%;对于平均反应时,观察到任务复杂度和界面设计的显著交互效应。在原定航路任务条件下,三个界面之间的差异显著,界面 1 的平均反应时比界面 3 高 55%,如图 5.18 所示。

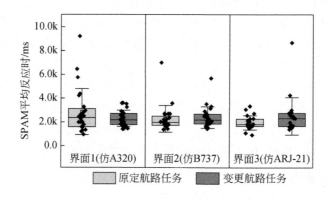

图 5.18　SPAM 平均反应时的统计分布与实验自变量的交互效应

3.飞行姿态操作准确性分析结果

如图 5.19 和图 5.20 所示,变更航路任务条件下的高度操作准确性比原定航路任务条件下的高度操作准确性降低 27%;在显示界面 2 设计条件下的高度操作准确性比显示界面 3 设计条件下的高度操作准确性高出 10%。变更航路任务条件下的速度和航向操作准确性分别比原定航路任务条件降低 29% 和 18%,整体操作准确性则降低了 31%;在显示界面 2 设计条件下的整体控制准确性比显示界面 3 设计条件高出 6%。

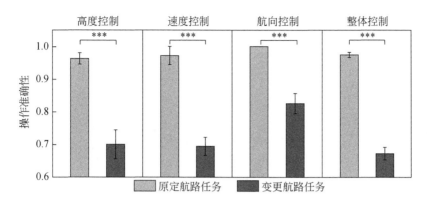

图 5.19　任务复杂度对操作绩效的主效应

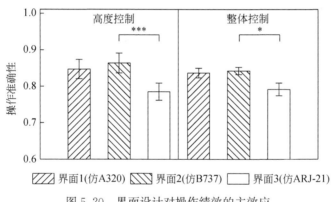

图 5.20　界面设计对操作绩效的主效应

4. 眼动测量指标分析结果

如图 5.21 所示,对于高度兴趣区、速度兴趣区和整体兴趣区,变更航路任务条件下的注视率相比于原定航路任务条件下的注视率均出现大幅增加,增幅分别为 83%、86% 和 88%;此外,对于高度兴趣区的注视率,在显示界面 2 设计条件下的注视率比显示界面 3 设计条件下的注视率低 23%。对于航向兴趣区的注视率,一方面,对于界面 1、界面 2 和界面 3,与原定航路任务条件相比,变更航路任务条件下的航向兴趣区注视率均出现大幅度增加,增幅分别是 50%、101% 和 48%;;另一方面,在复杂度水平更高的变更航路任务条件下,三种界面设计方案对应的航向兴趣区注视率存在显著差异,显示界面 1 设计条件下的注视率比显示界面 2 设计条件下的注视率低 19%。

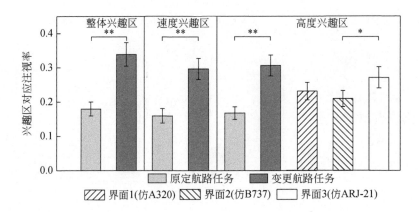

图 5.21　任务复杂度和界面设计对高度、速度和整体兴趣区注视率的主效应

对于平均瞳孔直径,变更航路任务条件下的平均瞳孔直径相比于原定航路任务条件小幅放大,扩幅为 5%,如图 5.22 所示。三种显示界面方案的成对比较结果表明,相比于显示界面 3 设计条件下的瞳孔直径,显示界面 1 和显示界面 2 设计条件下的平均瞳孔直径呈现小幅放大,扩幅分别为 3% 和 4%。

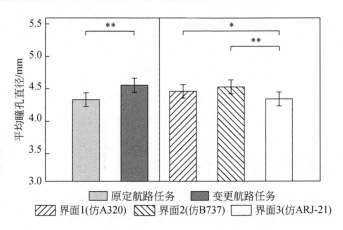

图 5.22　任务复杂度和界面设计对平均瞳孔直径的主效应

5.工作负荷分析结果

任务复杂度的变化会引起被试工作负荷的改变,进而影响其注意资源分配和情境意识。随着任务复杂度的增加,工作负荷也显著增加。相比于原定航路任务条件下的工作负荷,变更航路任务条件下的工作负荷增加了 18%。

6. 各测量指标相关性分析结果

相关性分析结果显示(图 5.23)，情境意识直接测量指标中的 SPAM 反应正确率，与情境意识相关测量指标中的操作绩效，即高度绩效、速度绩效、航向绩效和整体绩效，分别具有显著的中等正相关性。情境意识直接测量指标中 3D-SART 的子维度注意资源需求量，与情境意识相关测量指标中的平均瞳孔直径，具有显著的中等正相关性。

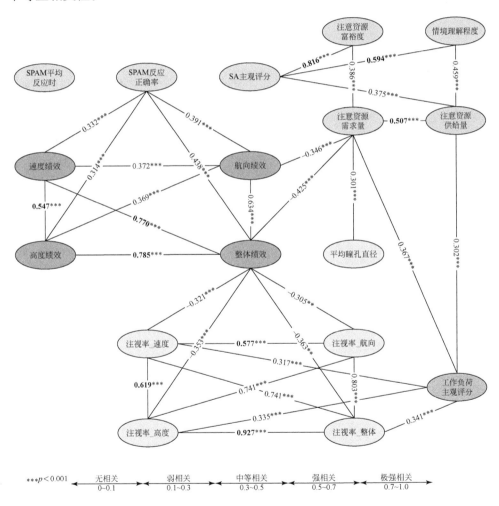

图 5.23　各项测量指标之间的相关性

5.4.4　讨论与结论

任务复杂度的增加会导致作业人员情境意识的下降。实验结果表明,与原定航路条件相比,变更航路条件下被试的工作负荷主观评分和 SPAM 响应准确性显著降低。在本研究中,模拟飞行姿态控制任务的复杂性(同时监控飞行姿态参数的数量)因航路是否发生临时变更而变化,变更航路条件下情境意识下降与被试需要消耗更多的注意资源来应对情境信息理解和行动决策有关。被试注意资源需求和供给之间的失衡,注意资源富裕度的趋于耗尽,是高复杂任务条件下情境意识下降的内在动因。此外,从被试的操作绩效来看,航路变更引起的任务复杂度增加,也导致了被试操作准确性的降低,无论是整体飞行姿态控制绩效还是具体的飞行姿态控制绩效(即高度、速度、航向)。各项情境意识测量指标之间的相关性结果也表明,操作绩效和 SPAM 反应正确率之间存在显著的正相关性,揭示了被试情境意识和操作绩效变化趋势的一致性。这揭示,一方面,操作准确性可以作为评估操作人员情境意识的一项可用的敏感测量指标;另一方面,改善飞行员情境意识对于提升飞行员操作绩效尤为重要,尤其是在处置非预期事件的异常飞行情境中。

对于不同的界面设计方案,在全部三种仿真界面设计条件下都可以观察到被试注意资源富裕度随着任务复杂度增加而大幅减少。然而研究结果表明,采用信息中等突显性、中心布局设计的显示界面 2 设计方案体现出了一定的优势,该设计条件下的整体飞行姿态控制和高度控制的操作准确性显著较高且更有利于被试在高任务复杂度的异常飞行情境下维持情境意识和飞行作业绩效,保持良好的认知与行为能力和更高的专注程度。总之,实验结果表明,良好的界面设计品质,如对关键决策信息采用中心布局设计,以及采用信息高突显性设计,有助于飞行员在异常飞行情境下尽量保持良好情境意识(或缓解情境意识的下降)。

本研究仍有一些局限性。首先,本研究是一项初步的模拟飞行实验研究,考虑到被试的飞行能力和经验,我们适当简化了飞行场景,提取了基础和必要的操作任务(即飞行姿态控制)作为模拟飞行实验任务。在未来的工作中应当考虑招募经验丰富的职业飞行员,以及采用更高保真度、更复杂的飞行场景(如滑行路线交叉、飞行故障、恶劣气象条件下的航路变更等),以提高研究结论的可靠性和丰富性。其次,尽管已经研究了界面设计在复杂任务条件下对被试情境意识和操作绩效的支持效用,但由于当前模拟飞行平台的功能限制,研究中所采用的显示界面仍属于相对传统的主流设计。在下一步工作中,可采用引入先进设计概念的人机显示界面(如平视显示、增强视觉显示、合成视觉显示等),以更好地评估意外异常事件情境下的显示界面的效用。

本案例就任务复杂度和显示界面设计这两个飞行员情境意识关键影响因素对情境意识的影响机制开展了工效学实验研究。面向异常飞行情境下飞行员情境意识的变化特性,以及驾驶舱显示界面设计对情境意识的支持效度,设计并实施了模拟飞行实验,探讨任务复杂度和显示界面设计对模拟操作飞行员(即被试)的情境意识的影响。本研究的主要结论如下:

(1) 在高任务复杂度的异常飞行情境下,被试的认知和行为能力的脆弱性(情境意识和操作绩效的降级)可以从注意资源供需平衡角度来解释,即被试注意资源富裕度大幅减少、注意力资源需求与供给失衡,导致了被试情境意识和操作绩效的下降。因此,针对异常飞行情境的应对策略可以考虑优化任务流程设计,或提供决策辅助工具等策略,来维持充分的注意资源富裕度、保持注意资源供需平衡。

(2) 优化显示界面设计元素,如信息布局和信息突显性,可以改善复杂任务条件下模拟操作飞行员认知和行为能力的脆弱性。相比于高信息突显性设计,合理的信息布局方式,如关键决策信息的中心布局设计,对于异常飞行情境下改善情境意识和操作绩效更重要。尽管如此,高凸显性设计,如开放式窗口设计和高沉浸感设计,对维持异常飞行情境下的情境意识和操作绩效也具有一定的促进作用,仍是一项具有价值的界面设计优化策略。

(3) 研究结果揭示了情境意识和操作绩效变化趋势的一致性,表明操作绩效是情境意识的一个可行的敏感测量指标,而致力于改善飞行员情境意识的努力对于改善飞行员操作绩效也具有重要意义。

参 考 文 献

[1] de Winter J C F, Eisma Y B, Cabrall C D D, et al. Situation awareness based on eye movements in relation to the task environment. Cognition, Technology & Work, 2019, 21 (1): 99-111.

[2] van de Merwe K, van Dijk H, Zon R. Eye movements as an indicator of situation awareness in a flight simulator experiment. The International Journal of Aviation Psychology, 2012, 22 (1): 78-95.

[3] Miller S M, Kirlik A, Kosorukoff A, et al. Ecological validity as a mediator of visual attention allocation in human-machine systems. Los Angeles: NASA Ames Research Center, 2004.

[4] Liu S, Wanyan X P, Zhuang D M. Modeling the situation awareness by the analysis of cognitive process. Bio-Medical Materials and Engineering, 2014, 24(6): 2311-2318.

[5] Wickens C D, Mccarley J S, Alexander A L, et al. Attention-situation awareness (A-SA) model of pilot error. Los Angeles: NASA Ames Research Center, 2005.

[6] Borghini G, Astolfi L, Vecchiato G, et al. Measuring neurophysiological signals in aircraft pilots and car drivers for the assessment of mental workload, fatigue and drowsiness. Neuroscience & Biobehavioral Reviews, 2014, 44: 58-75.

[7] Wei H Y, Zhuang D M, Wanyan X R, et al. An experimental analysis of situation awareness for cockpit display interface evaluation based on flight simulation. Chinese Journal of Aero-

nautics,2013,26(4): 884-889.

[8] Endsley M R. Toward a theory of situation awareness in dynamic systems. Human Factors: The Journal of the Human Factors and Ergonomics Society,1995,37(1): 32-64.

[9] Endsley M R,Selcon S J,Hardiman T D,et al. A comparative analysis of SAGAT and sart for evaluations of situation awareness. Proceedings of the Human Factors and Ergonomics Society Annual Meeting,1998,42(1): 82-86.

[10] Wilson G F. Strategies for psychophysiological. Situation Awareness Analysis and Measurement, 2000,3: 175-180.

[11] Motz F, Mackinnon S, Dalinger E, et al. Comparison of ship bridge designs using the situation awareness global assessment technique (SAGAT). Proceedings of 17th World Congress on Ergonomics,Beijing,2009.

[12] Wickens C D. Situation awareness: review of Mica Endsley's 1995 articles on situation awareness theory and measurement. Human Factors: The Journal of the Human Factors and Ergonomics Society,2008,50(3): 397-403.

[13] Liang C R,Liu S,Wanyan X R,et al. Effects of input method and display mode of situation map on early warning aircraft reconnaissance task performance with different information complexities. Chinese Journal of Aeronautics,2023,36(1): 105-114.

[14] Stuyven G,Damveld H,Borst C. Concept for an avionics multi touch flight deck. SAE International Journal of Aerospace,2012,5(1): 164-171.

[15] Kaminani S. Human computer interaction issues with touch screen interfaces in the flight deck. 2011 IEEE/AIAA 30th Digital Avionics Systems Conference, Seattle,2011.

[16] Sesto M E,Irwin C B,Chen K B,et al. Effect of touch screen button size and spacing on touch characteristics of users with and without disabilities. Human Factors,2012,54(3): 425-436.